和自己和解

余襄子 —— 著

吉林文史出版社
JILIN WENSHI CHUBANSHE

图书在版编目（CIP）数据

与自己和解 / 余襄子著. -- 长春 : 吉林文史出版
社, 2023.10

ISBN 978-7-5472-9930-2

Ⅰ. ①与… Ⅱ. ①余… Ⅲ. ①成功心理－通俗读物
Ⅳ. ①B848.4-49

中国国家版本馆CIP数据核字(2023)第206271号

与自己和解

YU ZIJI HEJIE

出 版 人　张　强
著　　 者　余襄子
责任编辑　钟　杉
封面设计　韩海静
版式设计　郭红玲
出版发行　吉林文史出版社
地　　址　长春市净月区福祉大路5788号
印　　刷　三河市燕春印务有限公司
开　　本　710mm×1000mm　　1/16
印　　张　14
字　　数　125千
版　　次　2023年12月第1版
印　　次　2023年12月第1次印刷
书　　号　ISBN 978-7-5472-9930-2
定　　价　59.00元

前　言

在这个世界上，我们每个人都在经历着自己的人生，其中的各种滋味，酸甜苦辣，我们都曾体会过。

我们会有纠结的时候，和自己过不去，并不是因为自己有多么不好，而是因为一些情绪暂时蒙蔽了我们的双眼。

无论我们走在人生中的哪一个阶段，最重要的功课就是要学会与自己和解。

与自己和解，听起来似乎很简单，但要真正去做，很难。

我们不仅要控制自己的情绪，了解自己的情绪，甚至还要无视它。除了让内心达成平静之外，还要不断去超越它。

很多时候，我们都在欺骗自己，或强行让自己与内心达成和解，实质上却只是将头埋进沙里，充当那只鸵鸟。此种掩耳盗铃的手段，很多人都会使用，但正如饮鸩止渴，刚开始，我们会觉得很舒爽，但毒药已经慢慢渗入我们体内。总有一天，它会让我们更加痛苦不堪。

与自己和解，是一项重大的课题，不是我们经历得足够多，就能够自然学会了。有些人自欺欺人，嘴上说着已经放下了，已经看开了，但内心深处却还是会挂念，以致独自一人在深夜里默默哭泣。

我个人认为，"与自己和解"不是一朝一夕就能完成的，首先需要提高我们的认知。俗话说"知己知彼，百战不殆"，我们只有探究到使我们焦虑、不开心、困惑的事情背后都隐藏着什么，才能有的放矢，并在今后的人生中掌握我们命运的主动权。

本书内容非常丰富，涉及很多领域，有情绪篇、个人篇、目标篇、认知篇、成长篇、家庭篇、伴侣篇、社交篇和世界篇九大章节，每个章节下面还设置若干小主题。其中有我个人的经历与思考，也有一些我觉得对我们有帮助的思维与工具。

与自己和解，并不代表我们要向命运低头，从此过上一种"躺平"的生活。如果我们能够站在更高的维度审视我们的生活，我们会发现，有些让我们倍感困扰的事情不过如此。

在此，我衷心希望各位读者看了这本书后，能有所收获，能在今后的人生中更加豁达，更加智慧。

书中不可避免地会有局限的地方，还望大家不吝赐教。

与君共勉！

余襄子

目　录

第三章　目标篇

第四章　认知篇

第五章　成长篇

第六章　家庭篇

第七章　伴侣篇

第八章 社交篇

第九章 世界篇

第一章 情绪 篇

人这种生物 ◉

这世间，最复杂的莫过于人。

从物理学层面来看，人和这个宇宙中的万物皆一样，都由原子构成。从生物学层面来看，人和地球上的其他生物也有相似性，都是由细胞组成的。从脑神经科学来看，人的大脑又是所有生物中最发达且最复杂的，里面活跃着无数神经元。

尽管看上去，我们人和其他动物相差很大，但有一点是确定的，在百万年甚至更久远以前，我们和许许多多的生物都拥有着同一个祖先。

在漫长的生物演化史中，我们的体内残存着许多来自祖先的习惯与习性，它们曾经帮助我们的祖先在险恶的环境中顺利存活下来，可到了现在，它们却时常困扰着我们，给我们的生活带来了极大的不便。

正如老子《道德经》所言："祸兮，福之所倚；福兮，祸之所伏。"

万事万物都会随着时间与环境的变化而演化出不同的结果，我们的基因亦是如此，曾经对我们有利的，到了现在，可能会成为我们的累赘。

举个例子吧，比如有一种叫镰刀型贫血症的罕见病，是一种遗传性血红蛋白，会影响神经系统，严重的还会导致智力低下。

按理说，人人都会"闻病色变"，唯恐与任何病症扯上关系。在长期的研究中，专家们发现，在镰刀型贫血症的背后，还有着一段有意思的故事。

人们发现，这种病主要集中于撒哈拉以南的非洲和南亚次大陆，另外，它和疟疾的地理分布也有着高度的重合。

在有效对抗疟疾的现代医学出现之前，患有镰刀型贫血症的人虽然会受到这种疾病的折磨，但在面对疟疾的时候，它们反而会具有生存优势。原来，导致这种疾病的基因突变可以帮助人们更好地抵抗疟疾。因此，这种遗传性疾病才没有被演化所淘汰，而是一直流传了下来。

再比如痛风，如今已经成为"四高"之一。在我国，痛风的患病率大概是 2%。根据主流的医学解释，痛风是人体内的尿酸太高导致的，尿酸则是人体在代谢嘌呤时的产物。

目前来讲，市面上还没有一款根治痛风的药物，在发病的时候，人的手脚关节会疼得厉害。那种剧烈的疼痛感，着实会让发病的人终生难忘。

在其他哺乳动物中，无论让它们吃多少高嘌呤的食物，它们体内的尿酸都会维持在一个偏低的值，而人体内的尿酸却很容易升高，其中的主要原因是，大部分哺乳动物体内都可以合成维生素 C，但人类和一些灵长类动物却在进化中失去了这种能力。

目前有一种猜测是，这样的基因突变使得人类拥有了较高的智商。目前虽然没有确切的证据证明这一点，但主流的医学坚持认为，高尿酸的特性必定在人类的演化史中发挥了巨大的作用。

你看，那些看上去明显拖我们人类后腿的基因，换一个环境，却成了我们人类进化至今的最好帮手。

黑格尔曾说，凡是存在的，就是合理的。发生在我们身上的任何事物，也都是如此。或许，我们有的时候会痛恨自己，会冲动，会愤怒，但这一切都有其漫长的历史原因。

比如那些懊恼、悔恨等情绪，经常会让我们觉得自己一无是处。我们会想，要是自己没有那么多情绪就好了，我们试图与自己的内心达成和解，可尝试过一次又一次之后又会觉得很难，会觉得这一切都是徒劳无功。

可是，我们真的有必要这么想吗？难道这些情绪本身就是错误的吗？

显然不是。

我们要做的，不是去否定它们，而是认识它们。要知其然，更要知其所以然。

演化而来的情绪 ◎

每天，我们都会产生各种各样的情绪，有好的，也有不好的。

但是，你知道我们的情绪是怎么来的吗？

其实，情绪是在漫长的生物演化中演化而来的，它最初产生的作用是为了保护我们。

比如，当我们的祖先还在非洲大草原生活的时候，他们的嗅觉和听觉都要比今天的我们灵敏，这有助于他们更快探知到无处不在的危险。请试着想象一下，当有一种凶猛的野兽出现之后，他们的身体本能便开始发挥效用，体内的肾上腺素飙升，释放压力激素，血液循环增加，心跳加快。我们与我们的祖先，在身体上的差异并不大，当我们的身体在遇到危险的时候，会启动一系列的应激反应，好让我们逃跑或是进入战斗状态。

除了身体上的变化，当我们的祖先遇到危险的时候，他们的情绪也会立即被调动起来，紧张、愤怒、害怕，这些在今天的人看来是负面的情绪，会伴随着危险在他们的体内发酵，同时也被刻进他们的基因当中。

经过长时期的自然演化，拥有这样基因的人，会更容易存活下来并留下他们的后代。而我们，便是这些幸存者的后人。

因此，情绪对我们而言，是一种应急保护，这种保护提高了我们祖先的存活率。在漫长的生物演化史中，求生存是所有生物的第一本能，控制情绪的理性只在近百年来才被人们所意识到，它出现的时间还非常短。

关于大脑中情绪的起源，可以追溯到 2.5 亿年前。在恶劣的环境中，大脑之所以演化出情绪，其根本目的是要对环境产生适应。原始的情绪被刻在了生物的基因之中，越是低级的生物，这种原始情绪的表现就越明显。

原始本能驱动的情绪帮助我们的祖先在残酷的自然环境中更好地生存下来，因此，在我们现代人的大脑之中，此类情绪也依然存在，催生情绪的大脑区域也被称为"原始脑"。它主要由脑干和边缘系统构成，控制着我们大部分的本能反应，比如吃饭、睡觉、呼吸，等等。原始脑也是很多负面情绪的根源，比如贪婪、冲动、怀疑等。

　　在演化史上，除了原始脑之外，另一套系统也在逐步演化，只不过后者出现的时间要比前者晚了许多，它被称为"皮质脑"，也就是大脑中理性思考的起源。它可以帮助我们分析环境，甚至有意识地抑制由原始脑所带来的各种原始冲动。在所有生物中，我们人类的皮质脑系统更为发达。

　　了解了这些，我们就能明白为什么很多时候我们的情绪要比我们的理性更为强烈，且来得更快。我们都有过这样的经验，在我们有了强烈的情绪之后，只要我们稍加冷静下来，也会知道自己之前情绪化的反应是不对的。主要还是因为控制我们理性的"皮质脑"比起催生情绪的"原始脑"还太年轻。

　　因此，当我们有情绪的时候，可以告诉自己，这并非错误。情绪在一开始就是生物在自然界"趋利避害"的产物，我们不要对其有太多的心理负担。没有情绪的人在这个世界上压根儿就不存在。

　　比起不让情绪发生，我们能够做到的就是适度地控制自己的情绪。一般而言，当我们的大脑感知到周围环境有危险时，会立即产生情绪。但我们都知道，我们早已脱离了那个四处都埋伏着凶猛野兽的环境，我们的大脑比较迟钝，还存活于过去的世界中，对近百年来的文明社会几乎毫无察觉，因此，它会对环境过度解读。这个时候，我们需要告诉自己："我现在很安全，我现在没有危险。"

通过这样的心理暗示，相当于给刚燃起的情绪浇了一盆凉水。当我们的"原始脑"退却，"皮质脑"占据主导地位的时候，我们也就能更理性地面对问题，从而不让情绪的无端发酵伤害我们，避免做出一些事后想起来会后悔的事。

生活的演变 ◉

木心有一首脍炙人口的唯美诗歌，其中说："从前的日色变得慢，车、马、邮件都慢，一生只够爱一个人。"

在人类演化史中，木心的这句话大致是中肯的，我们不要觉得现在习以为常的生活是一贯如此的。曾经的生活和现在的生活大相径庭，而这种剧烈的变化所发生的时间还不足百年。换句话讲，我们的身体和大脑还停留在遥远的过去，还生活在石器时代，全然不知现代文明早已发生了翻天覆地的变化。

这种身体跟不上时代的情况，也给我们造成了诸多困扰，比如肥胖、颈椎病和腰间盘突出。

从前，我们的祖先过着食不果腹的生活，在工业革命出现之前，世界上的大部分地区都处于物资短缺的状态，大部分普通人都处于贫困状态，甚至过着吃了上顿就没有下顿的生活。一日三餐都能吃到足够的食物，在我国出现的时间还不到一百年。我们的身体和基因来不及对外界的环境做出反应。换句话讲，它们还认为我们生活在从前那个物资短缺、粮食不够的时代，因此当我们的面前出现食物，或闻到食物的香味时，原始的本能会驱使着我们尽快将它们送进肚子里。这也是现在越来越多的人都有肥胖症的最大原因，也是暴饮暴食现象所产生的原因。

在久远的过去，我们的祖先整日为了食物而奔波，他们每天都在外面，或奔跑，或劳作，就算他们吃得再多，也能将其尽可能消耗掉。历史上，中国长期以来都是农耕社会，大部分普通人一年四季都在田地里干活。进入现代社会，尤其是对于我们这一代人来说，办公室里坐班逐渐成为我们的常态。我们整日坐在电脑桌前，一动不动地盯着电脑屏幕，我们缺少运动，更缺少必要的体力劳动，颈椎病和腰间盘突出等症状在我们这群人中爆发得也愈发频繁与低龄化。

我们当然无法回到过去，或递交辞职信，然后从办公室冲出去，整日在大街上来回奔跑。

我们只能在日常的生活中做些改变，并将其养成习惯，才能让我们的生活更健康。比如，如果我们住的地方距离公司不远的话，可以步行通勤，或者从地铁站出来后，步行到公司。考虑到大部分人早上喜欢多睡一会儿，这种方法可以用到下班回去的路上。

其次，在办公室里坐久了，我们可以起来活动一下，上个厕所，或与同事商谈一下事务。喝水的时候不要选择大容量的杯子，如此，我们可以通过多接几次水来提高活动量。如果你的老板或上司认为你这么做是在偷懒的话，你可以选择将这些道理讲给他听，如果能让他也意识到久坐不动的危害，并将他拉入我们的阵营中来，这显然是皆大欢喜的结局。但若是他坚持认为你是在偷懒，那么你就可以问他，颈椎病是否属于工伤？

在一些只有几个人的非正式会议上，我们尽量将椅子挪走，站着沟通。当我们长时期盯着屏幕后，可以摇动一下我们的脑袋，在空中画一个"米"字或"田"字，顺时针与逆时针都画几圈，这有助于预防颈椎病。

吃饭的时候，我们尽量不要吃含有太多辅料的半加工食品，饮食中更要少油少盐。我们可以先吃菜后吃饭，饭菜进入口中后，不要狼吞虎咽，而是多咀嚼几下，这样容易产生饱腹感。

我们必须意识到我们的身体往往并不受我们的理性所控制，它就像一个搜寻器一样，一直在搜寻甜食，好吸收更多的糖分，将其转换成脂肪。它们这么做并没有什么错，因为在以前，这对我们是有利的。然而现在环境不同了，因此，我们需要去控制身体，当下次看到甜食的时候，我们就可以告诉自己："亲爱的身体，你现在并不需要这些。"或者我们也可以给予它一些安慰："放心，现代社会并不会饿着你。"

愤怒是一种自我保护 ⓔ

愤怒是人的所有情绪中最强烈的一种，也是最为原始的一种情感，常常伴随着肢体或言语上的攻击性。

愤怒，也是我们最为熟悉却又陌生的领域。熟悉，是因为我们几乎每天都要和它打交道，有的人愤怒得明显，有的人愤怒得隐晦；有的人会用发火表达，有的人只会用冷漠对抗。无论我们在用什么样的方式表达愤怒，愤怒都会经常在我们的内心深处发酵。陌生则是因为，我们很少考虑过愤怒背后究竟是什么，我们为何会感到愤怒。

当我们感受到被不公平地对待时，我们会感受到愤怒。愤怒的背后，往往也掺杂着委屈、失望、无助等情绪。

站在演化史的角度看，愤怒也是一种人体的自我保护，它让我们免受外界的威胁，保护我们的边界不受侵犯。眼镜蛇在面对敌人或攻击者的时候，会将身躯挺起来，其特殊的颈部肌肉会形成一个"兜帽"状膨胀结构，使自己看上去比实际上更为庞大，以此让眼前的攻击者感到害怕而逃跑。甚至就连小熊猫在面对威胁的时候，也会张开双手，使自己看起来体型更大，以此威慑攻击者。

在自然界，这样的动物比比皆是，它们的行为是在向对手宣泄自己的愤怒，似乎是在告诉眼前的攻击者："我可不是好惹的，我劝你好自为之。"

当愤怒的情绪涌上心头的时候，我们会感觉到异常兴奋，全身处于战斗的状态。那一刻，我们会感觉自己无比自信，认为"全世界只有自己是对的"，谁的话都听不进去。这在今天看来，的确很糟糕，但正是这种无与伦比的"自信"，帮助我们的祖先能够顺利存活下来。在文明还没有开始的漫长岁月中，生物们还并未形成我们今天所熟知的社会规范，对与错往往让步于生存。因此，在面对威胁的时候，谁的内心更有底气，谁更能宣泄自己的怒火，谁就更有可能活下来。

请试着想象一个没有愤怒的世界，当我们遭受别人欺负的时候，我们不会有任何情绪。那些块头比我们大的，以欺负弱小为乐的，可能会在这样的世界中更加肆无忌惮。普通人的生存空间会被他们极度压榨，以至于最终消失殆尽。这样的世界，远比有着愤怒的世界更为糟糕，我们当然不愿意活在这样的世界中。

我们祖先留给我们的，除了聪慧的头脑之外，还有他们在远古时期的生活习性。我们的大脑很迟钝，还没意识到，我们已经进入了现代文明社会。在远古时期，愤怒对我们自身是有利的，但到了现在，愤怒的表达往往不合时宜。

当我们了解了愤怒背后的机制后，我们便能更好地应对自己的这些情绪。和其他负面情绪一样，我们只需要告诉自己，"目前，我很安全"。

当然，有人会为此感到疑惑，若是我们不表达愤怒，万一真的有人欺负到我们头上了怎么办?

的确,我们谁也无法保证今后所遇见的每一个人都有着菩萨心肠。但是,除了愤怒之外,我们还有其他的方式表达自己的不满。我们有着远超其他生物的语言,也就是交流工具,文明也会以法律与社会规范的形式,为每一个人保驾护航。最后,当我们被不公平对待之后,我们还可以寻求第三方的协助,这些都要比直接表达愤怒来得更为有效,也更为合理。

当面对别人的愤怒时,有经验的人都会劝导愤怒的人"少说两句",其目的也是让他冷静下来。因此,若我们完全无视愤怒的人,有的时候反而会让他的怒火越烧越旺。我们要让对方知道,没有人要伤害他们。愤怒这种负面情绪,经常是人们的一种过激反应。我们总是想太多,实际上,很多危险并不像我们所想的那样严重,也根本不构成真正的威胁。

焦虑是为了提前预判风险 @

现代人最常见的一种情绪是焦虑,它不像愤怒一样具有爆发性,但却长期影响着我们的生活与内心世界。

德国精神病学家格布沙特尔说:"没有焦虑的生活和没有恐惧的生活一样,并不是我们真正需要的。"这也就是说,一定程度的焦虑是有用的和可取的,甚至是必要的。孟子也曾说:"生于忧患，死于安乐。"

尽管适度的焦虑有助于我们的生活，可以让我们预判到风险并提前做好风险管控，但与其他负面情绪一样，焦虑一旦过了头，便成了摧毁我们健康生活的元凶之一。

自从我们的祖先学会直立行走之后，焦虑便一直伴随在我们身边。它会激活我们的神经系统，使我们忐忑不安，感到紧张，胃里翻腾，心跳加速，思绪如潮，甚至给我们一种窒息感。

这种焦虑的情绪让我们的祖先得以集中注意力，变得更加专注和重视细节，让他们更好地发现潜在的危险，并防患于未然。长期来讲，这种情绪对我们祖先的生存是有利的，因此也就一直被保留了下来。

然而，到了现代社会，尤其是对于生活在大城市的人来讲，我们每天所要面临的事物与挑战多如牛毛。每天一早醒来，我们的大脑就开始高速运转，我们担心自己上班会迟到，很多朋友几乎是踩着点到公司。一到了公司，他们便显得匆匆忙忙，好不容易在电脑桌前安静坐下，又很快被公司微信群里的消息吞没。我们为了每月的 KPI（关键绩效指标）而焦虑，为了每月的房贷、车贷的着落而焦虑，结婚生子后又会为了整个家庭的明天而焦虑。

终于完成了一天的工作，回到家，想休息一会儿，打开手机，但手机跳出来的各种弹窗信息，再一次吸引了我们的注意力。各大自媒体新闻讲述着发生在世界各地的事件，以及我们身边的事情。短视频为了吸引我们的注意，常常采用断章取义、放大矛盾的手段，一次又一次点燃我们心底的焦虑。我们发现，互联网早在过去的某一天就变了模样，成了巨大的焦虑生产商。来自全国各地的网友被焦虑裹挟着前进，他们虽然没有生产焦虑，却成了焦虑的搬运工。

我们的生活似乎到处填充着焦虑，它简直是无孔不入，将我们弄得异常疲惫。我们就像是被安上了永不停歇的发动机，在这个社会中，带着焦虑一起奔波。

原本只是为了让我们对潜在的风险进行提前预判的焦虑，现在有如从潘多拉的魔盒中逃离了出来，无时无刻不侵占着我们的身心，掠夺我们的注意力。

为了摆脱焦虑，我们去健身，去练瑜伽，去修身养性，试图让我们的生活慢下来，平静下来。可大部分人只是在表面上给自己一个安慰，实际上内心却依旧是焦虑的。

是的，我们只有真正让自己的心慢下来，看穿焦虑的本质，才能更好地应对焦虑这头洪水猛兽。

我们需要给自己的生活设置一点儿保证措施，比如多增加一些储蓄，这样的话，哪怕今后遇到了一些突发情况，我们也不至于会慌到手忙脚乱的地步。我们可以早起十分钟，早十分钟到公司，以从容不迫的心态迎接新一天的任务。我们要善于利用工具，将重要的事情列在清单上，提前做好风险管控。简而言之，缓解焦虑最好的办法就是增加自己的生活冗余。

在做计划的时候，我们也可以同时准备一个 B 方案。

这里，我想讲个我印象深刻的故事。李开复曾经任职于苹果电脑公司，有一次，他和公司 CEO（首席执行官）史考利受到美国当时最红的早间节目"早安美国"的邀请，在节目中演示他们发明的语音识别系统。这对于公司产品的宣传来说，是一个好机会，但若是演示的时候失败，对于企业的声誉也同样损失不小。在接受邀请后，无论是史考利还是李开复，心里都很紧张。

节目播出时，一切非常顺利，这次的成功演示使公司的股票价格上涨了两美元。事后，史考利感谢李开复，并询问他是如何在短时期内获得成功的，难道他就不担心在播出的时候，电脑系统出现故障吗。李开复告诉他，那次上台的时候，他准备了两台电脑，并将它们连到了一起，一旦一台电脑出现了问题，他们可以马上切换到另一台。一台电脑出现问题的概率有10%，那么两台电脑连在一起，同时都出现问题的概率则是 10%×10%＝1%。

显然，一般人遇到这种事的时候，多半会焦虑，但李开复用行动向我们展示了，配置一个冗余地带是多么重要。

超越我们的自卑 ◎

自卑是一种强烈的情绪，它通过不断地自我否定，将自我压缩到一个很狭窄的空间范围内，自惭形秽与被害意识融合到一起，不断折磨着我们。

自卑的对立面不是自信，而是自大，是一种盲目的自信。自卑与自大也往往是一个硬币的一体两面。从本质上来讲，它们都是同一个东西，就是缺乏自体客体。自卑或自大的人对于"我是谁"并没有一个清晰且客观的认识，因此对自我的感觉会经常在两个极端之间摇摆。为了防止陷入极度自卑的境地，他们就会将自己想象成一个无所不能的超人，借以构成防御，一旦受到外界事物的干扰，受挫之后，他们就像泄了气的皮球，又重新回到了那个"我什么都不是"的另一个极端。

一般而言，适度地怀疑自己或肯定自己可以帮助我们更好地成长，它可以使我们在面对自我与外界的时候做一次心态上的调整，但过度的怀疑与肯定显然是有害的。

与其他负面情绪一样，自卑与自大也是在漫长的演化史中被留存下来的生存优势，但它更多是源于后天的成长的经历。

自卑让我们胆怯，不敢冒险，自大又会使我们虚张声势，从而吓退潜在的威胁，这都有助于我们的祖先提高生存率。

然而，我们的社会早已脱离了那个生存环境恶劣的时代，随着人与人之间交流的深入，一次错误的情绪反馈可能造成比以往更大范围的影响。因此，用理性引导我们的情绪在这个时代便显得尤为重要。

若是我们静下心来，我们似乎可以听到来自内心深处的声音。要知道，我们无法避免所有的情绪，比起其他负面情绪，自卑又显得尤为特殊，它多半是因为后天的影响。

一提起自卑，我们往往会想到习得性无助。有一个实验是这样的，人们将小狗关在笼子里，然后对其施加不致命却能引起小狗感觉的电击，小狗就会在笼子里上蹿下跳。重复多次之后，小狗就会认为挣扎是徒劳的，于是便不再挣扎。哪怕后来我们将笼子撤走，再电击小狗，它也不会起身，对此无动于衷，尽管它这个时候只要起身逃跑，就可以躲避电击。

尽管人要比小狗更聪明一些，对自我与环境的认识也会更全面，但类似的心理在我们人类群体中也见怪不怪。小时候经常遭到父母责骂与否定的孩子，长大后会更容易陷入自卑的情结之中。

但我们并非对此束手无策，正是因为自卑的产生多半来源于后天，我们便可以在认清它之后，将其转化成对我们有利的因素，从而不断超越自我。

很多时候，产生自卑的直接原因是我们一直在跟别人比较，以自己的短板与别人的长板相比较，时间久了，我们内心就会产生挫败感，从而怀疑自己是不是真的是一个干啥啥不行的废物。

如果我们对自我有一个清晰的定位与认识，便能跳脱出这种虚假的评价体系，从而建立起真正的自信。甚至，那些曾经我们所瞧不上的短板，在换了一个场景之后，反而又会帮助到我们。

有许多成功的演讲者，当我们翻翻他们的履历时就会发现，他们或多或少都有自卑情结。他们或许在很年轻的时候就经历过巨大的失败，抑或是长期以来遭受周围人的冷嘲热讽，但他们知道，自我的评价体系只能掌握在自己手中，任何人都无法决定，除了他自己。

如果自卑者可以信任自己的感受，那么敏感与脆弱就可以进化为敏锐。在面对力所不能及的情况时，自卑也可以是谦卑。面对躁动不安的环境与浮躁的环境时，自卑者的自我质疑反而会催生出自知之明。

因此，与其逃避自卑、压抑自卑，或时刻告诫自己不要自卑，不如就将它当成是一个朋友，或巧妙地利用它。

合理看待抑郁情绪 ⓔ

几十年前，抑郁这个词还不被大家所熟知，然而在今天这个日新月异的社会环境中，抑郁一词频繁出现在互联网、电影银幕上以及我们生活的周围。

有人认为，现在的人太过脆弱，抗打击能力太弱了，动不动就会抑郁。尤其是老一辈的人认为，抑郁症是矫情的表现，没有予以足够的重视。但是这种心理状态对个人的伤害不亚于一场重病。在对抑郁症人群进行脑成像实验后发现，他们大脑脑区中关于自控力方面的前额皮质，尤其是眶额皮层部分产生了明显萎缩。这意味着抑郁症人群会更容易失控，他们更容易做出极端行为，更渴望用极端行为逃避现实。因为他们做的很多事情已经不是自身能够控制的了。

当然，也有的人认为，抑郁是洪水猛兽，是我们时刻都要提高警惕的病症。

首先，我们要明白，抑郁症和抑郁情绪是两码事，前者是一种病症，需要去医院就诊，而后者则是一种较为普遍的情绪，几乎会发生在每一个人身上。

因此，抑郁症与抑郁情绪是不同的两种情况，如果我们身边的人已经确诊了抑郁症，那么最好的办法还是让他定期去医院，听取医生的建议。而抑郁情绪，就是人类内心世界的一种情绪，尽管如此，也需要我们认真对待。

我们要清楚，抑郁情绪是一种正常的生理体验，人在受挫折、沮丧的时候会感到抑郁，碰上亲朋好友离世也会有抑郁的情绪，这是人人都有的情绪。

再者，抑郁这个词在现在社会已经失去了其本来面目，非抑郁症患者会有抑郁的情绪，抑郁症患者也有抑郁的情绪，这就将我们的一般认知搞混了。比如，一个普通人，在情绪低落的时候，我们会关心他，会给予他适当的安慰。但是若我们身边的一个抑郁症患者感受到了情绪低落，有的时候，我们反而不会将其当一回事，认为他只不过是犯病了。这显然是不对的，抑郁症患者的抑郁情绪也需要身边的人看到，也需要亲朋好友的关心，而不是将其当成他的一种疾病。

一般而言，抑郁情绪和其他情绪一样，都是一种暂时的、轻度的、可以自我恢复的情绪低落状态。在漫长的演化史中，抑郁情绪自然也有其积极的一面。一些学者认为，诸如抑郁此类的负面情绪，可以让我们更加快速地对周围环境做出反应，虽然很多时候它会误判，但从整体来看，这种误判所带来的损失远远小于一次没有及时的反应。

抑郁往往伴随着悲观，常常以一种负能量的形式被感知到。学者们经过长期的研究发现，抑郁的人在分析外界事物的时候，往往比普通人更客观，也更理性。在面对未来的时候，他们更保守，不愿意去冒险。

比如，当我们看到一条蛇的时候，我们大脑负责情绪的组织会很快被调动起来，我们会不由自主地撒腿就跑。如果我们冷静下来，可能就会发现，那根本不是一条蛇，而是一条绳子。显然，我们撒腿就跑的反应显得有些过激，但我们也实在是难以承担"如果那真是一条蛇"的严重后果。

当我们受伤的时候，尤其是身体受伤，抑郁的情绪便会随之而来，这些都是正常的情况。当我们抑郁时，我们的基础代谢率会适当地降低，并且集中更多的资源弥补"伤口"，以便我们更快地从损失和受伤中恢复。这个时候，我们也会将自己封闭起来，不愿意与外界接触，这也是因为抑郁让我们"藏"起来，保证自己的安全，避免受到二次伤害。

因此，当我们有抑郁情绪的时候，不要大惊小怪，也不要对这种情绪过度解读而加剧抑郁情绪。我们不妨就当成是一次生命的体验，它告诉我们，我们需要好好休息了。带着坦然的心态去面对，我们的人生也会因此而顺利许多。

孤独有救吗？ @

孤独是一种高级情感，似乎只属于我们人类。有的时候，我们白天在外人面前表现得很健谈，很合群，可一回到家，当我们置身于空荡荡的屋子里时，就会感觉到孤独有如无形的刀剑，朝我们汹涌袭来。

我们渴望遇见同类，我们渴望身边能有一个人，哪怕什么都不说，只要能感受到他的存在，便会欣喜万分。

显然，孤独不同于无聊与寂寞，它仅仅是人的一种感受，但我们却无法否认这种感受。

周国平说："灵魂只能独行。"

无论我们身居何位，拥有多少财富，我们都会感觉到孤独。孤独是平等的，它不会因为人的不同而对其有所增减。

有人说，孤独是一种享受，这种话未免有些自欺欺人。的确有人会在自我的孤独中体验到一种超然的快乐，但那毕竟只是少数。我们大都是芸芸众生，都是凡胎肉身，孤独的感受就像冷冷的冰雨在脸上胡乱地拍，有的时候我们会感觉到无比的压抑。

曾经的我也时常会感觉到孤独，并在孤独中黯然神伤。它就像是黑夜里的一盏微弱的烛光，在月光下随风摇曳。它呼喊，它彷徨，它想被别人看到，它想被别人遇见。然而，一切的呼喊只是徒劳，最终我发现，自我还是坠入了孤独之中。

我想，孤独源自自身的不完美，没有谁的合作能力和社会感是完美无缺的，因此每个人内心深处或多或少都会有孤独感。就算是那些八面玲珑的人，也会有孤独的体验。

个体心理学让我们认识到人与人之间的差异，我们也总是在一遍又一遍地强调"人与人是不同的"。但是，人与人之间的差别也许并没有我们所设想的那么大，一千个观众就有一千个哈姆雷特，但这一千个哈姆雷特，对情感的体验却是相似的。他们也希望遇到同类，希望与他人交流，哪怕是再内向的人，内心也都会有这种渴望。

灵魂向外求，希望遇见同类，可往往事不如人愿，于是他们便退回到自身，孤独感便来了。

现代人活得越来越独立，往往忘记了，我们人是社群动物。我们需要回到人群中去扮演我们的角色，所谓的孤独，便是在这样一个看似荒诞的环境中出现在我们周围，如影随形。

诚然，我们需要一个人独处，需要孤独，但很多时候并不是我们选择了孤独，而是孤独选择了我们。

既然如此，我们何不接纳这种孤独，管它是主动的还是被动的。孤独告诉了我们，要好好爱自己。在孤独中，我们可以做回最真实的自己，我们可以坦然地面对自己的内心。

孤独，是人生旅途中的一个短暂停靠站，我们需要休息，休息好了再上路。

不必为孤身一人而感到惆怅，因为孤独不可治愈。

不必为内心空虚而感到迷茫，因为现在只是停歇。

不必为疲惫不堪而感到失落，因为未来依旧可期。

学会与孤独交个朋友，学会在孤独中与自己对话，我们便能发现一个更好的自己。纵使孤独会伴随着失落、难过和沮丧，但这份孤独的体验，不也是身体告诫我们需要好好休息一会了吗？

纵使"山重水复疑无路"，我们也要相信"柳暗花明又一村"。

纵使"有心栽花花不开"，我们也要相信"无心插柳柳成荫"。

纵使"众里寻他千百度"，我们也要相信"蓦然回首，那人却在，灯火阑珊处"。

接纳那个不完美的自己 ◎

人生中有很多东西需要我们去学习，我想，接纳可能是人生中的必修课之一。

这个世界并非完美的，就包括我们自身，也都是不完美的。我们的身上残留着我们祖先的习性，在那个车马很慢的年代，或许这样的习性可以帮助我们更好地活下去。但是在这个快节奏的现代化社会，很多都已经不合时宜了。

要知道，我们不是神，我们都是必死的凡人。

因此，我们不必对自己苛求，我们需要无条件地接受并宽容对待自己的一切，包括优点和缺点，包括成功与失败。因为只有我们肯接纳自我，接下来才能与他人和世界产生良性的交流。尊重自我，才能尊重他人，爱自己，才能爱他人。

当情绪涌上心头的时候，无论是愤怒、焦虑、沮丧、自卑还是抑郁，我们不要急于去压制它们，抑或是否定它们。只有承认了它们的存在，我们才能更好地用理性去引导它们。我们要知道，这些负面情绪之所以存在，本身并不是坏的，而是要保护我们自身。与其将它们当成我们的敌人，不如将它们当成朋友。情绪可能不知道这个时候并不适合产生，但它却急于跑出来保护我们。我们要像安抚一个孩子一样安抚自己的情绪，试着接纳它，试着将它容纳进我们的生命之中。

有的时候，我们会感觉到自己很糟糕。这可能并不是客观的，只是一种情绪的宣泄，也是一种自我保护。否则，我们就会不知道什么是危险，觉察不到潜在的风险，从而葬送了自己。悲观与自卑，让我们停下了前进的脚步，我们不妨就此坐地休息一会儿，整理好自己的思绪再重新上路。

不必想着对抗情绪、战胜情绪，所谓的"控制情绪"一词，也往往让我们对情绪产生认知偏差。我们所要做的，仅仅只是引导我们的情绪。因为控制本身就蕴含着我们比情绪高人一等的想法。经验告诉我们，我们越是想控制一个东西，这个东西就会愈发脱离我们的控制。有的时候，我们越是想，越是将注意力集中在"不要发怒，不要怎样"上面，事情的结果却总是朝着相反的方向发展。我们怎么可以在告诉自己"不要去想房间里的那头大象"之后就真的不去想那头大象呢？

当情绪涌上心头的时候，我们可以静观其变，站在一个旁观者的视角去观察它，去感知它。这样，我们就不会觉得"我很生气"，而是"他很生气"。我们可以试着探索这些情绪为什么会产生，可能是因为我们遭到了不公平的对待，抑或是周围的环境让我们本能地感受到了危险，又或是周围的人已经用言语攻击到了我们。

知道了情绪产生的原因，我们再对症下药，往往会产生意想不到的效果。当我们观察身旁那个涌现出来的情绪时，我们也会感觉到这很有意思，不是吗？

我曾经是一个完美主义者，在读书的时候尤其如此，常常会懊恼自己本不该做错的题却因为一时粗心而做错，也为此陷入情绪的拉扯中。后来，我渐渐意识到了，这个世界上本就不存在完美这回事，世界不是完美的，他人不是完美的，自我也并非完美的。人生正是因为这些不完美，我们自身的存在才有了意义。否则，如果给我们一个完美的人生，我们还有什么用呢？它本身就已经是完美的了，我们也就没有存在的必要了。

玩过角色扮演游戏的人能深刻意识到，游戏本身的乐趣在于挑战，我们在一次次的挑战后变得更强。如果一开始就打开了"作弊器"，尽管我们可以在游戏中傲视群雄，但很快就会觉得索然无味。

人生没有完美，我们也不该追求完美，我们只是在通往完善的路上，不断在自己的生命中添砖加瓦，从而丰富我们的生命。

人生，从接纳那个不完美的自己开始。

第二章 个人篇

最好是更好的敌人 ⟳

吴军博士在其《态度》一书中曾说过这么一句话："最好是更好的敌人。"

我们从小接受的教育，总是向着最好的方向努力。然而，这往往让我们活得心力交瘁，也常常达不到预期的效果。

如果凡事都追求最好，就会让我们离目标越来越远。

美国的费城制宪会议便是一个很好的例子。

1775 年，美国独立战争爆发，8 年后，1783 年，美英签订《巴黎和约》，宣告战争告一段落。

战争结束了，美国却比独立前更糟糕了，主要是没有一个统一的政府，整个美国是一个松散的邦联，各州的独立性很高。鉴于此，美国人决定开一场会来决定国家未来的走向，这也就是从 1787 年 5 月 25 日开始到 9 月 17 日结束的费城制宪会议。

实际上，这场会议远比想象中的要艰难，光是凑齐 13 个州的代表就很难完成。原本计划是在 5 月 14 日开，但当天到场的人寥寥无几，此后也是陆陆续续有人到场，也有人退场，一直到 5 月 25 日，才有 29 名代表到场，会议终于可以开始了，因为到场的人刚好可以代表 7 个州，过了 13 个州的半数。自始至终，13 个州中的罗德岛一直缺席，没有派代表来参加。

整个会议是对外保密的，场内热热闹闹，光是宪法方案，就有好多个版本。我们今天可能很难想象当时这场会议的艰难，而且这场会议也不是"打酱油"的，而是要达成一个基本的共识。

比如，我们要去哪一个饭店、吃什么，13个人都未必能取得一致的意见，更何况是比之严肃认真得多的制宪会议。

每个人都有话要说，最终的结果要大多数人心甘情愿地接受，要怎么办？当时美国人做出的结果是，先通过一部分，这也就是整个会议的结果，即美国流传至今的《宪法》。

《宪法》是终点吗？它完美吗？

当然不是终点，也并不完美，否则也不会有之后陆陆续续出台的美国宪法修正案。

这个世界上根本就不存在"最好"，只有"更好"。总有一些人说，要么不做，要做就要做到最好。如果凡事都要求最好，首先这需要耗费大量的精力，从30分到80分很容易，但要从90分到95分，所要耗费的精力与时间成本不亚于从0分到90分。再者，最好是"形而上"的，并不存在，正如这个世界上根本就不存在完美一样。

而且，随着人阅历的不断增长，对于什么是"最好"的标准也不一样。

做事的人都知道，凡事都不是完美的，只能在做的过程中，不断迭代，不断进步，而评论家却总是将"最好"挂在嘴边。

费城制宪会议带来的另一点启发，就是不可能与任何人达成百分之百的共识，因此，在谈判或者沟通的过程中，可以先将那些已经达成共识的部分内容先确定下来，如果每次沟通与谈判都追求完满的共识，最后反而什么都不会留下来。

确定部分共识也是向外释放一个积极做事的信号，让对方看到我们的诚意，至于那些目前还没有达成共识的部分，可以再慢慢商量，在原有的基础上打补丁。

如果没有这样的认识，很可能，费城制宪会议就是一场空。因为当时各州对于人权的看法很不一样，几乎无法达成共识，而早期的《宪法》并没有涉及人权部分的内容，是在第一版《宪法》颁布后，于1791年批准的第一修正案，其被称为"权利法案"，确定了美国"政教分离、言论自由、集会自由"的治国方针。

荀子曰：不积跬步，无以至千里。就算是再伟大的事情，也都是从脚下的第一步开始的。不要等到"万事俱备"再开始，因为我们缺的可不仅仅是东风，万事也从来不会俱备。

"最好"就像是一个心魔，它会制约人的行动力，很多"拖延症"其实也是这么来的。

我们所能做的，是不断在实践中获得成长与进步。

拖延症怎么破？ ↻

拖延症似乎是现代人的通病，也常常困扰着许多人。很多时候，我们只有到了临近截止日期的时候才会去做，这种紧迫的时间感同时又会催生出我们内心的焦虑与内疚，如此便陷入了死循环。我们恨不得将"拖延症"从我们的世界中完全剔除，一次又一次告诉自己，下次不要再拖延了，然而这并没有起到任何效果，真的到了下一次，我们还是会拖延。

首先，拖延症真的一无是处吗？

拖延症本质上是一种"懒惰"，这种懒惰刻在我们的基因当中，而且有它的道理。

在远古时期，食物匮乏，我们的祖先每天摄入的能量很有限，且在补充能量方面也远没有我们现在方便。如今的我们要补充能量，只要打开手机，或者去楼下的商场逛一圈，就能买到很多食物，但祖先却不一样，他们靠打猎与采集获取食物，在获取食物之前，还要消耗大量的体力。因此，要在那时的环境中存活并繁衍下来，就需要合理地分配体力。

因此，在其他与生存关系不大的事情上，我们祖先的生活策略就是"能懒就懒，能省就省"。

这样的思维惯性一直延续到了今天，我们首先要明白，拖延症并不是个人品质问题，而是一个演化问题。

我们回顾一下也会发现，在那些性命攸关的事情上，我们的拖延症看上去好像马上就消失了。比如，一般而言，我们不会在吃饭、喝水、遇到危险时撒腿就跑这些事上拖延。

如果说拖延症是我们的敌人，那么知己知彼便在一定程度上，可以降低我们内心对其的恐惧。我们也不会因此而对自身的拖延症耿耿于怀，至少在下次面对它的时候，胸中会更有把握。

提升认知固然是有效治愈拖延症的一个方法，但从知道到做到之间，还有很漫长的一段路程需要我们去走。

列一个清单，可以帮助我们更好地应对自己的拖延症，在列任务清单的时候，我们不必像工厂里的机器那样搞成教条主义。我们给任务一个弹性的空间，留出一条冗余地带。比如，我现在写的这些内容，在写之前，我会大致罗列一个大纲，然后概括成几十个小话题，也就是这本书中的每个小章节。我将诸多的小章节酌情分配到每天的任务之中。这么做实际上也是对事情进行一个拆分，很多看起来很难的事情，如果我们可以将其拆分成若干个小事情，将大任务化繁为简，就可以帮助我们应对拖延症。

将任务分类排序，按照优先级可以分成四类，由重到轻分别是：紧急且重要，紧急但不重要，不紧急但重要，不紧急且不重要。如此，我们就可以直观地对我们需要做的事情有一个了解，按照这个顺序，分别去做，一来能提升我们的效率，二来也能让我们做到心中有数。不妨试试这个办法，可以有效应对我们的拖延症。

改变我们的习惯也是一种好的策略，只不过，习惯并非一朝一夕就可养成的，这需要我们将其当成一种长期的事情来做。比如，每天出去散步半个小时，每天睡前阅读半个小时，一旦我们养成了这样的习惯，我们的身心也会变得更为健康。我们会发现，其实很多事情看起来很难，但也并非我们所想的那般无法逾越。这也会给我们带来更多的积极心理暗示，当然也有助于我们应对拖延症。

最后，我们需要知道一点，拖延症是永远无法消除的，它就像空气一样，会伴随我们每个人的一生。我们能做的只是将拖延症带来的困扰尽可能降低。因此，有的时候，我们还是会时不时有意无意地拖延，我们也不必对自己失去信心。

当然，真的什么都不想做，就想将事情拖着，也不是那种迫在眉睫的事情，不妨就先搁置一会儿。否则，我们越是焦虑，越是拖延，反而越会进入一个恶性循环，得不偿失。

休息，也是应对拖延症的一剂良药。

出名要趁早吗？ ⟳

相信很多人都听过张爱玲说的话："出名要趁早。"

这似乎就像是一句魔咒，吸引了许多人奔波在这条路上。

然而，我却觉得，在这个时代，出名太早未必是一件好事。

首先，我们看看张爱玲所说的这句话究竟是什么意思。一般人断章取义，认为张爱玲的意思是，一个人要想出名，越早越好。为什么呢？不知道，反正越早越好，因为这样就可以赚更多钱，或出名的时间更长。

我们回到张爱玲的原句，这句话出自《传奇》，原话是这么说的："啊，出名要趁早呀，来得太晚，快乐也不那么痛快。个人即使等得及，时代是仓促的，已经在破坏中，还有更大的破坏要来。"

时代是仓促的，已经在破坏中。我们再回到张爱玲所生活的时代背景，她出生于一战结束后的第二年，也就是 1920 年，当时还处于军阀割据状态，蒋介石都还没开始誓师北伐。当时的全球环境也不好，张爱玲成年之后，美国迎来了经济大萧条，欧洲法西斯主义日益猖獗，就连我们隔壁的邻居日本也包藏祸心，蠢蠢欲动。

　　那是一个什么年代？

　　是过了今天可能就没明天的时代。

　　而且，张爱玲的意思也不是让一个人无下限博人眼球，她肯定出名的前提条件是用功努力，趁着年轻的时候做出一番事业，而不仅仅只局限在"出名"这件事上。

　　其次，我从这句话中也看到了另一层意思，就是一个人年纪轻轻可能会对自己没自信，患得患失，如果有机会，不如趁早出名，让他体验一下这种快乐，让他早早就体会到做一个名人是什么感觉。如此，他以后也就很难有不切实际的妄念了。

　　当然，还有一种可能的情况是，一个人出名之后，他的妄念会更深，正如欲壑难填，有了十万就会想一百万，有了一百万就会想一千万。

　　现在很多人都认为人是欲望的化身，人的欲望是无穷大的，我认为，这可能是一种认知偏差，因为这些欲壑难填的人更容易进入我们的视野。想一想，一个懂得知足常乐的人会将自己炒上头条吗？会动不动就上电视走几圈吗？

　　人是由动物演化来的，但也别忘了，人也是一种具有主观能动性的生物。

在媒体时代待得久了，我们可能都不相信这个世界上还有知足常乐的人，因为我们几乎没在屏幕前看到过他们。

民国时期，那是一个民族危亡的时刻，一个人成名之后，会有无数双眼睛盯着他们。如果他成名后，对社会带来了贡献，自然会有人尊敬，如果是做出伤害民族感情的事，比如投靠日本人做汉奸，他晚上睡觉都不踏实，因为真的会有人摸黑要了他的命。

我这么说的意思是，时代背景不同了，有人说我们这个时代是娱乐至死的年代，可能有些夸张，但至少"娱乐"这个词与这个时代脱不了关系，至不至死则是仁者见仁智者见智的事了。

娱乐时代，人心大都浮躁，人的心理成熟度，随着年龄的增长而递增。张爱玲那个时代，一个十五六岁的小伙子就已经可以独当一面了，已经与社会接轨了，而我们这个时代，二十岁都还没走出象牙塔。当"名"以一种突如其来的方式降临到一个年轻人头上的时候，他未必会有智慧与阅历驾驭住它，更有可能，是被"名"给驾驭了。

"出名要趁早"就像"一夜暴富"一样，极其危险，可能你会获得短暂的快乐，但当这种快乐逐渐递减的时候，如果你没有能力刹住车，那么大概你也就掉下去了。

因此，我认为，与其整天想着"何以解忧，唯有暴富"，不如趁着年轻有精力，多提升自己的能力，多修炼自己的内心。

至于暴富与出名，在这个年代，又有多少人会过了今儿就没明儿了呢？

我们可以慢慢来的嘛。

泛读是一种读书策略

无论何时、何地，读书都有着它自身的意义。以前，信息交流不方便，书籍也是一件常人很难接触的东西，然而到了互联网时代，要获得一本书的成本可以说是很低。这自然是方便了我们，但同时也带来了一个困扰，现在还需要亲自读书吗？网络上有海量信息，难道光看这些不够吗？

读，当然要读，网上的信息都是碎片化的信息，只能起到读书的辅助作用，但绝不能代替书籍。

高尔基说："书籍是人类进步的阶梯。"平常人读书，不一定能站在这样的高度，但是，由于个人的精力与阅历有限，所以书籍就成了我们打开世界的另一扇窗。通过阅读经典小说，我们可以培养自己的移情能力，除此之外还有市面上的工具书，诸如历史、科技、经济方面的书籍，都能带给我们不一样的收获。

读书，是一件成本很低，收益却很高的事情，值得长期去做。

但是，很多人又会对读书有一种焦虑，因为人的记忆力是有限的，很多时候，我们读完一本书，过了一阵子后，就全忘了。这样读过几本书之后，我们也就失去了信心，认为自己记性不好，反正早晚都要忘的，不如将时间腾出来做点别的事。

首先，不要慌，忘记是正常的，应对忘记的最好办法就是泛读书。这里我分享一些我个人的读书经历。

以前我读书有个习惯，就是一本书从头到尾，一个字一个字这么看过去，生怕漏掉其中的一些细节，因此读书很慢，一个月只能看一本书。

后来我发现，平心而论，读过的书，我记得的真的没多少。读完一本书，哪怕是有详细的笔记，我也不可能将书中的每一个细节都记下来。回头想想，我一个月读一本书的效率实在是太低了。

因此，我将读书分为精读和泛读。有些书是需要精读的，但更多的书其实泛读就行了。市面上同类书籍很多，有些书完全可以一扫而过，翻翻目录，看看作者的序言，再通读一下目录里面的标题，大概就能知道这本书主要讲什么了。很多书为了论证作者的观点，会举很多例子，而这些例子没必要全都仔细看完。而且，当我们读过的书足够多的话，我们会发现一些例子被反反复复用到不同的书籍里面，通过一扫而过的方式，多看几本不同的书，其中的例子也都能有个印象。且这些例子在不同书中出现，我们的大脑也会记得更深刻。

有些人读书，习惯从头到尾读过来，其实最好的办法是带着问题去读，去书中寻找答案，而不是走马观花式地通读一遍。有可能，在看了书中的一些段落之后，心中的问题也就有了答案，也有可能在书中并没有找到你想要的答案，这些都不是问题。读书不是目的，而是我们提升自己视野及认知的手段。

有的时候，当我们在泛读了一本书之后，觉得不过瘾，很想认真读一遍，这个时候就可以从头精读这本书。

庄子说："吾生也有涯，而知也无涯。"一个人的生命有限，如果每本书都一字不落地看下来，基本上一生所读的书很有限。所以，为了更大限度地提升读书的效率，绝大多数书籍通过泛读就行了。

我们经常看到很多"牛人"，他们事情很多，很忙，但据说一年读的书有上百本。他们也肯定是知晓读书的秘密，读一本书就像看报纸一样很快翻了过去，但他们所吸收的信息却一点儿也不少。

有人说，泛读很难，很多时候，通过这样的方式读一本书，似乎脑子里面依旧一片空白。这主要还是因为你脑子中的存量不够。举个例子，如果你对历史一点儿都不了解，当一本书里面讲到"赤壁之战"的时候，这段内容的信息量对你来说就是陌生的，而对于一些脑子中已经有了"赤壁之战"概念的人来讲，基本上一扫而过就不是问题。

所以，要想更好地泛读，首先就要增加自己的知识储备，所以，泛读不是一蹴而就的，是一个过程，逐渐提升自己读书的速度，需要时间的培养。

记忆加工：往事何必留恋 ◉

很多人回想起往事，总是带着无尽的哀愁与遗憾，似乎如果能够回到过去，就能改变什么，以此让现在的自己过得更快乐一些。

每个人都会有记忆，英国经验主义哲学家洛克在其著作《人类理解论》中，给出了关于自我的标准，确立了现代的讨论范式。他说："在我看来，所谓自我是一种有思想、有智慧的东西，它有思想，能反省，并且能在异时异地认为自己是自己。"

洛克认为，今天的我们和昨天的我们，甚至和十年前的我们之所以是同一个人，在于我们脑海中的记忆是连贯的。因为自我这个观念体现的是人类的一种认识和理解能力，这种能够形成自我观念的人类理解指的就是人的记忆。

然而，记忆靠谱吗？

现在的脑神经科学家普遍认为，人的记忆往往与真实情况存在一定的偏差，因为人的"脑补"能力，会在无意识的状态下修改和加工记忆。

20世纪70年代在澳大利亚发生的一件事可以说明这点。

当时，心理学家唐纳德·汤姆森正在做一场电视直播节目，与此同时，一名女士在家里遭到了入室抢劫和强奸。她在遭到侵犯时晕了过去，醒来之后，她报了警，指控汤姆森就是罪犯，并清晰地说出了汤姆森的面部特征，还从一堆照片中指认出了汤姆森。

警察很快就得到了汤姆森的不在场证明，因为他当时就在做电视直播节目，电视台的工作人员和无数观众都能替他做证。

后来警察发现，那名女士在罪犯入室的时候正在观看汤姆森的电视节目。

但是，问题来了，难道是那名女士有意污蔑吗？

经过调查发现，警察排除了女士有意栽赃嫁祸的可能。

由于汤姆森是一名心理学家，他对此表示很感兴趣，这个新闻在心理学界也引起了一阵轰动，它让人们开始重视记忆重构的现象。

汤姆森的例子就是典型的记忆错认的体现。在我们的大脑中，大多数的经历都是以情景性记忆来存储的。一段情景性记忆通常包括时间、地点、人物、起因、经过、结果等不同的组成要素。

比如，一个人昨晚与朋友聚会，他在大脑中就会将这次经历存储为，昨天晚上和朋友去了某某地方吃饭，经过两个小时愉快的交谈后，我们各自回到家中。

这样，我们的大脑中存储着众多经历的不同组成要素，当它们之间产生错误联结时，就会发生记忆的错认。我们可能会记错信息的来源，比如，误以为是别人告诉我们这家餐厅的信息，记错情境中出现的人物，比如，误以为是和别的朋友一起吃的饭，甚至还有可能错把自己想象中发生的事情当作现实。

心理学家伊丽莎白·洛夫特斯曾做过一个经典的实验：参与者首先观看一段两车相撞的影片，随后，他们被要求估计两车的行驶速度。这些参与者的回答在很大程度上取决于提问者的措辞。

其中一半的参与者被问道："当两车重重地撞击在一起的时候，它们的速度分别是多少？"而另一半参与者则被问道："当两车碰撞在一起的时候，它们的速度分别是多少？"

结果显示，前者的估计值要比后者高出25%。外部的暗示不仅能够修改原有的记忆，而且能够"无中生有"。

在洛夫特斯的另外一项实验中，她将"在迪士尼见过兔八哥"这一信息描述给曾经去过迪士尼乐园游玩的参与者，结果那些参与者真的认为自己曾经在迪士尼乐园看到过兔八哥。卡通迷肯定知道这是一段虚假的记忆，因为兔八哥是华纳兄弟动画公司的卡通人物，根本不可能出现在迪士尼乐园当中。

因此，人的记忆有的时候并不靠谱，我们的大脑在存储记忆的过程中，会出现偏差，并不会完完全全将整件事情的细节都存储记录下来，而那些缺失的信息，会被我们脑补上。脑补之后的记忆，未必是真实的，但我们会误以为那就是真实。

因此，当我们回忆过往，一段段画面有如电影一样从我们的眼前飘过，其中有多少是准确的呢？

既然记忆都未必保证准确，我们对于往事又何必留恋呢？我们留恋的，究竟是真实的过去还是已经被我们脑补后的虚构事实呢？

向前走吧，过往皆为虚幻。

我们为什么那么悲观？ @

日常生活中，我们总是能听到各种各样的负面消息，甚至在新闻中，也总是能看到一些阴暗面。看久了，我们内心的希望便会越来越小。我们会倾向于认为这个世界不好，到处都是婚外情与出轨，到处都是处心积虑的诈骗，到处都是悲惨的生活。

我们人类有个特性，总是将过多的注意力放在那些不好的事情上，各大自媒体也总是在报道具有话题性的新闻，这也就导致了我们看到的绝大多数新闻都是负面的新闻。

一件事情如果稀松平常，根本就不具有新闻性，因此自媒体对其也总是视而不见，就算是报道出来，也会根据自己的需要进行选择性的报道。

再者，请试着回想一下，在我们过去的人生中，究竟是快乐的时候多呢，还是悲伤难过的时候多？

大部分人都会想到过去的某些遗憾或不幸，主要是因为我们的大脑天然就对此类事情印象更为深刻。我们的大脑天然倾向于记住那些令我们感到悲观的事情，是因为如果忘记了这点，它会在很长的一段历史中，产生性命攸关的影响。

因此，我们天然就会放大那些人生中的不如意之事，而忽略那些快乐的事。也可以说，我们人天生就带有忧患意识。拥有忧患意识可以帮助我们提前发现或预知风险，但太过了，反而会像大山一样压在我们身上，成为难以承受的生命之轻。

在与他人的相处中，我们也多半会对对方的缺点和与我们的争吵记忆犹新，但对别人的好印象却很淡薄。

忘记别人的好，甚至忘记那些让我们开心的事情，我们不会得到什么，也几乎不会损失什么。但若是忘记别人的坏，忘记别人对我们造成的伤害，抑或是忘记那些让我们难过的事情，我们可能会因此而丢掉自己的性命。所以，漫长的生物演化已经将"悲观"刻在了我们的骨子里。

不过，我们是目前地球上演化最为成功的，在基础的生物学层面，我们还有一套道德规范，还有一套心灵系统，我们有能力对发生过的事物做出解释，并逐步改变我们的看法与态度。我们的主观能动性远远大于被动接受性。几乎所有的早期文明都在强调人的一种难能可贵的品质，即感恩。感恩之所以难得，正是因为它多半靠我们的后天。

再者，随着文明社会的发展，我们现代人每天所要处理和面对的事物远超前人，我们的身体还未能适应这样的环境，这会让悲观出现得更为频繁。

因此，我们有必要通过后天的习得让我们能够感受到更多的快乐。请不要总是待在封闭的屋子中，出去感受一下阳光的照耀，在公园里享受静谧的时光流淌，敞开自己的心扉，与自我拥抱，与世界拥抱。如果可以，将工作与任务暂且抛到一边，尽量让自己处于空杯状态，有意识地去回忆身边人对我们的好，常怀感恩之心。自然，我们也会感受到更多的快乐。我们有必要打破那个束缚了我们亿万年的悲观主调，因为，相信乐观，我们总还有希望，相信悲观，我们便会停滞不前，毫无所得。

诚然，这个世界并不总是那么美好，但我们依然要对生活与世界保持乐观。也只有保持乐观，我们才拥有了生命的主动权，才能继续向前走下去。

成熟，便是接受小概率事件 ◉

什么是成熟？

诚然，成熟与年龄有关，但两者并没有因果关系。

一般而言，我们都有一套较为固定的认知系统，比如，冬天来了，雪花会飘，春天来了，万物复苏，这些都是正常情况，是一般情况。

但是，夏天会不会飘雪花呢？

当然会。

2019 年 7 月 15 日，新西兰南岛的皇后镇附近出现了罕见的夏天下雪现象。这是一件罕见的事，是一件小概率事件。

当年，当我看到这条新闻的时候，还特别惊奇，但很快就反应过来，下雪其实和下雨一样，是一种极为常见的天气现象。至于下的是雪还是雨，则和气候的温度有关。总的来说，只要夏天温度足够低，这个地区就会下雪，只要冬天温度足够高，这个地区就不会有雪。

在小的时候，生活中的很多事都能颠覆我们原有的认知。比如，我第一次坐飞机，惊叹于这样一个庞然大物竟然可以在天上飞而不掉下来。读高中的时候，大冬天在一个商店里买到了一根雪糕，才知道原来雪糕并不只是在夏天才有，冬天也会有商家卖。上了大学，我拥有了更多的自由时间，便一直沉醉于学校的图书馆里，就像一个如饥似渴的人一样在里面翻阅各种书籍，发现了一个又一个与我此前的认知所不同的知识。

在一次又一次的惊叹中，我获得了更多的知识与见闻，同时，我也成长了，变得成熟了。

再后来，这种现象在我生命中出现的次数就少了，主要是因为随着年龄的增长、阅历的提升，我已经历过太多的第一次了，对什么事都见怪不怪了。

也许，这就是成熟，并不是因为我失去了对生活的好奇，而是能够接受那些小概率事情了。

商家在夏天卖雪糕，是一件再正常不过的事，但商家在冬天卖雪糕，在客观环境下，是一桩小概率事件。现在，由于物流冷链技术的发展，商家在冬天卖雪糕已经见怪不怪了，但是在十几年前的社会，这的确很少见。

在数学中，小概率事件是指此事发生的可能性较小，数值比较小，但是，若是我们活得足够长，再小的小概率事件也会因为大数定律而发生。其次，任何小概率事件都不发生的概率也很小。

以前，我经常会因为看到一些或经历一些小概率事件而惊奇不已，有如三观被重塑了一样。可以说，那个时候的我，并不成熟。后来，我慢慢意识到了，很多小概率事件之所以发生并展现在我们的面前，正是因为互联网社会将整个世界的方方面面都展现在了我们面前。在样本足够多的前提下，任何小概率事件的发生都不足为奇。

所谓的见多识广与见怪不怪，本质上说的其实是一个人因为阅历丰富，不至于因为一件小概率事件而大惊小怪，遇到任何旁人所惊奇的事都能泰然处之。他看到过事情在自己眼前发生，所以当他再遇见这样的事情时，就不会觉得惊讶。

但是，需要注意的是，我们接受小概率事件并不等同于小概率事件会时不时降临在我们身边。比如，彩票中奖就是一桩小概率事件，每天都会有人中奖，我们并不会因为有人中了奖而感到诧异，但这并不代表如果我们去买彩票，我们就会中奖。这是两件不同的事，需要区别对待。

我们的意志力是有限的 ◉

我们可能会疑惑，为什么我们总是喊着减肥，且付诸行动了，但往往坚持不了几天。为什么很多时候，我们的意志力就是不够强呢？

意志力是一种个人能力，对于不同的人而言，意志力有强弱之分，但对绝大多数的普通人而言，意志力的大小区别并没有到匪夷所思的地步。

对于单个人而言，它会随着自己心情与周围环境的变化而变化。这就好比有一个杯子，其总体容量是恒定不变的，但里面装了多少水，则是会一直变动的。

这也符合我们的日常认知，比如，当我们每天一早醒来，会感觉自己浑身充满了能量，会觉得自己意志力强一些，到了下午，吃过午饭之后，我们会感觉疲惫，这个时候意志力会薄弱一些，完成了一天的工作任务回到家，我们一身疲惫，体内的意志力便也几乎所剩无几。

心理学家罗伊·鲍迈斯特曾主持过一次有趣的实验，他先让一群一直处于禁食状态的大学生坐在桌子旁边，桌子上放有一碗生萝卜和正散发着诱人香味的巧克力曲奇。然后，这些大学生们被随机分成两组：一组被称作曲奇组，他们可以吃美味的曲奇；另一组被称作萝卜组，可怜的他们只能吃难以下咽的生萝卜。接着，研究者离开了实验室，以便透过隐形窗户偷偷观察两组学生的行为。

从观察中发现，萝卜组的不少学生盯了曲奇很久后才勉强地啃起生萝卜来。显然，他们与巧克力曲奇的诱惑斗争了很久，这必定消耗了他们不少意志力。不过，好在大伙都抵制住了诱惑，没人偷吃巧克力曲奇。

随后，学生们被带到了另外一个房间，在那里，他们被告知要测试一下他们的聪明程度，测试方式是解几何题。当然，这绝非测试的真实目的，因为这些题目根本无解，其真正的目的是想看看两组学生分别能坚持做这些无解题多久。结果发现，曲奇组的学生平均坚持了20分钟，奇怪的是，萝卜组的学生平均仅坚持8分钟就放弃了。由此可见，虽然巧克力曲奇的诱惑被他们成功抵制了，但付出的代价也不小，他们只剩下有限的意志力去做题了。

通过上述实验，鲍迈斯特得出，人的意志力是有限的。如果我们在一件事情上过多消耗了我们的意志力，那么在其他事情上，我们便没有足够的意志力。

知道了这些，我们便能明白，自己很多时候抵制不住诱惑，并不是个人意志力的原因。在夜深人静的时候，我们一刷起手机就停不下来，甚至刷通宵，在网上不断剁手，并不是因为我们有多贪吃与管不住手，而是我们的意志力在白天就消耗殆尽了。

要恢复被消耗的意志力，睡眠是最有效的。除此之外，当我们意识到这点的时候，其实就可以开始行动起来了，比如晚上少刷手机。如果下午有一个重要的决策会议，我们中午吃饭的时候就让自己吃得好一点儿，少一些纠结。如果我们因为要减肥或其他原因，在午餐期间抵御了美食的诱惑，那么我们这天的意志力消耗得就会比较快。

当然最重要的一点就是，尽量不要在晚上做决定，晚上是我们情绪较为脆弱的时候，而且经过一天的劳累，意志力已经所剩无几。如果这个时候做决定，往往会偏离理性。

晚上，也是夫妻之间最容易因为矛盾而争吵的时间段。

因此，天黑请提防自己薄弱的意志力。

给生活增加一点冗余 @

《菜根谭》曰："为鼠常留饭，怜蛾不点灯。"古人此等念头，是吾人一点生生之机。无此，便所谓土木形骸而已。（"为鼠常留饭，怜蛾不点灯"是苏轼的诗词）

意思是说，为了老鼠能生存，经常留一点食物给它们；可怜飞蛾会被烧死，最好不要点油灯。古人这样的慈悲心肠，就是人类繁衍生息的关键。如果没有这种慈悲之心，人类就只是和土木一样没有灵性的躯体而已。

这段话让我想起了"做人留一线，日后好相见"。凡事都不能做绝，不要把自己逼入死角，那么一切都还有机会。后来，我又想到了"冗余"。

农民种植粮食，总会遇到害虫的麻烦。我们当然可以将农药喷洒在农作物上，以此来减少甚至消除害虫，但是这又会带来另一个问题，即害虫也在演化，可能过不了多久，害虫就演化出了抗药性，之前的农药对它们来讲就已经没用了，要么就是换一种新的农药，但这并不能解决问题，因为过不了多久害虫还是会演化出抗药性。

这是一场无休无止的对抗，也是一场囚徒博弈，是在比拼害虫演化的速度快，还是人类换农药的速度快。

后来，人们发现了一种办法，就是在大片农作物之间，留下一点空间，其余的农作物上还是喷洒了农药，但留下来的一小部分农作物是纯天然的，没有喷洒过农药，这自然受到了害虫的青睐。如此，在这一小片空间，害虫就难以演化出抗药性。

对于害虫来讲，以前都喷洒过农药的环境极其恶劣，一般正常的害虫根本没有繁殖机会。在这样恶劣的生存环境下，大部分害虫吃了就死了，而小部分具有耐药性的害虫随着演化，逐渐淘汰掉了之前的基因，于是就演化出了一群具有抗药性的害虫。而现在，害虫的生存压力变小了，那些吃了不含农药庄稼的害虫就像是"搅屎棍"，扰乱了害虫群体的基因，因此要演化出抗药性的害虫的概率就变小了。

这就是"为鼠常留饭"的道理，不是因为我们有多仁慈，而是因为这也符合我们自身的利益。

还有一个例子，森林总是容易起火，而一旦起火了就是一场大火灾。以前，人们总是将森林大火视为火灾，只要一出现火，就想方设法去扑灭它，结果发现，火越扑越大。后来人们发现，森林大火也是生态系统中的一部分。我们可以假设一个森林，一旦有火出现，人们就去灭火，假设每次都成功扑灭了，那么这座森林里面留下来的易燃物就会越来越多，因为那些本该消失的枯树在人为的"灭火保护"下存留了下来，一旦哪一天，森林再次着火了，人们没来得及赶到现场，那么这场大火就会越烧越旺，范围更广，损失更大。

鉴于此，防止森林大火的一个有效措施就是人为放火，先烧出一个隔离带，防止火势蔓延。这就像是人们的疫苗，在真正危害的大火出现之前，先来一场演练。

大自然以及这个世界，并不是非黑即白的逻辑世界，一旦有不好的东西出现，我们就立即去消灭，将其扼杀在摇篮状态。但往往这样的"急功近利"非但没有消除那些不好的东西，反而将我们带上了一条相反的高速道路，越跑越远。

古人说："水至清则无鱼，人至察则无徒。"说的其实也是这个道理。如果一个人眼里容不下任何沙子，反而是一场更大灾难的开始。

孙子兵法说"穷寇勿追"，在围城的时候，优秀的将军们总是留下一道生门，好让城内的人可以顺利逃离。如果一旦将城内人的生路都堵死了，那么反而会激起他们的斗志，跟己方拼个你死我活。这其实也是在己方和对方之间创造出一个缓冲地带，一种冗余。

在读书的时候，也要给思想留下一些冗余空间，这也就是康德所言："我要悬置知识，给信仰留出一点空间。"试问，如果一个人认定了一门理论、一种说法，跳入非黑即白的世界中，这对于他来讲，是否也是一场灾难的预兆呢？

凡事给自己留出一点空间，正如上班、与人相约，给自己留出十至二十分钟的弹性时间提前出门，就算是遇到了堵车或意外情况，也不至于迟到。

为鼠常留饭，怜蛾不点灯。

第三章 目标篇

心态：尽人事，听天命 ↻

人生并不总是一帆风顺的，有的时候，我们会遭遇挫折与失败。我们每个人都有自己的目标，有自己想做的事，有想实现的理想。可就像一句话所说的，梦想是丰满的，现实却是骨感的，我们经常会在通往目标的途中摔倒。

经历过几次失败之后，我们可能会变得没有信心，对未来畏首畏尾，开始抱怨命运与生活，开始自暴自弃，从此活得庸碌无为，甚至患上了"习得性无助"。除此之外，我们还会怀疑当初设立的目标是否合理。

诚然，这些都是人生常态。要想拥有没有失败的人生，是不现实的。在遭遇挫折的时候，我们会伤心，会难过。当我们的内心足够强大的时候，我们会很快调整过来，重新上路，但是绝大部分都只是普通人，没有人是天生的强者，所谓的强者，都是在一次又一次的经历中摸爬滚打出来的。

我们无法让自己的内心突然之间变得强大起来，唯一能做的，就是调整好自己的心态。"尽人事，听天命。"

孔子历来不问鬼神，对鬼神存而不论，他也不是一个命定论者。我相信孔老先生的意思是让我们先尽力去做事，至于最后成不成，就看老天吧。他也不是让我们静等着老天的批复，而是怀着一颗敬畏之心，我们努力了，就算最后事情没有成功，也不必自暴自弃，只要自己努力了就好。

当然，孔子也不是让我们活得如此消极避世。重点在于"尽人事"，至于"听天命"，则是在我们努力过后的心态选择。

1961 年美国总统就职典礼上，约翰·肯尼迪发表了最为重要的一次演讲。他向全人类展示了一种非常美好的蓝图，今后，人类要探索外太空、治愈各种疾病，以及消除贫困，等等。这听上去的确是让人心潮澎湃，当时的美国听众也听得热血沸腾，但是疑虑也在他们的心中悄然升起。

这可能吗？这些美好的愿望真的可以实现吗？

最后，肯尼迪在演讲中说：问心无愧是我们唯一稳得的报酬。

他的这一段话与"尽人事，听天命"有着异曲同工之妙。尽管肯尼迪在两年后，即 1963 年遇刺身亡，他本人并没有看到这些愿望实现的时刻。但是，1972 年，阿波罗计划在历经十一年后，最终将人类送上了月球。

尽管距离肯尼迪最初的目标还有很大一段距离，平心而论，治愈各种疾病和消除贫困在短期内来讲，都是不可能的，也是不现实的，但是他在自己的任期内尽了该尽的人事，也就问心无愧了。

因此，当我们做事前，首先就要有一个好的心态，如果总是盯着成功，路反而会不好走，我们也会走得很累。有时经历一两次跌倒之后，我们也会就此丧失信心，甚至直接躺倒，这些都不是我们最初想要的。

如果我们能够拥有这种心态，那么我们就会做到内心淡定且从容，也不会轻而易举就被别人所掌控，我们的情绪更不会总是被他人所掌控。

我们对于未来，虽仍然敬畏，但不再惧怕。恶海行舟，大船破浪。我们相信，凡事只要尽力去做了，不问后果，那么不管结果如何，我们都能给自己一个很好的交代。

要相信，功不唐捐。

长风破浪会有时，直挂云帆济沧海。

人只能是目的，不能是手段 @

启蒙时期的伟大德国哲学家康德说："人是生活在目的的王国中，人是自身目的，不是工具。人是自己立法自己遵守的自由人，人也是自然的立法者。"

简单来讲，这句话的意思是，人只能是目的，不能是手段。

我们每个人都带着尊严出生，都只能是自己的目的，而不能是手段，别人不能将我们当成实现他们目的的手段，我们也不能将别人当成实现自己目的的手段。最重要的是，我们更不能将自己当成实现自己目的的手段。

首先，我们要明白目的与手段之间的区别。目的是我们的目标，可以是长期的，也可以是短期的，手段则是为了实现目标而采用的工具和行为。

本来，我们工作赚钱的目的是让我们的生活更好，是为了提升我们的生活品质，然而不知为何，可能是我们忘了初心，最终将赚钱当成了目的。错将手段当目的，不仅让我们的生活变得越来越沉重，我们自身也仿佛是被大山压着，很多时候喘不过气来。

有很多人，逛了一圈网店之后，买了一堆东西。过了一阵子之后，发现其中买来的大部分东西都没用上。我们花钱购物的目的是提升自己的生活品质，却常常剁手，买了一些不该买的东西。或许在付款的那一刹那，大脑里产生了多巴胺，我们因此获得了乐趣，但是这种乐趣持续的时间却非常短，我们也经常会在事后后悔。

如果我们眼里只盯着目标，反而会使目标异化，我们的行为和思维也就失去了驾驭的力量，我们也就不再是自己，而是一个工具。

有一个故事流传得很广。

话说有一个富商前往海边旅游，看到了一个渔民躺在沙滩上晒太阳。看那样子，这位渔民比较穷困，并不是一个有钱人。于是，富商便语重心长地跟他说："你应该多出去赚钱，不要总是躺着。"渔民就问："赚了钱有什么用呢？"富商立即回答："赚了钱之后你就可以买座漂亮的房子。"渔民再问："然后呢？"富商继续说："这样你就可以自由躺在沙滩上晒太阳了。"渔民点了点头，说："那我现在不就是自由地躺在沙滩上晒太阳吗？"

故事中的渔民和富商都没有错，他们只不过是生活理念不同而已。只是，当我们回过头来看这个故事的时候，难道不会因为渔民的这段话而有所触动吗？

我们当然不会成为好吃懒做的人，我相信每个人在一开始都是为了让自己的生活更美好，只是走着走着，在路途中忘了初心。

如果我们将赚钱当成了最终目的，钱会反过来束缚住我们的灵魂，让我们变得不再自由。我们就成了一个个赚钱的工具，原本绚丽多彩的生活一下子就失去了颜色，就像肥水环绕的绿洲成了光秃秃一片，我们的生命也会枯竭，对待朋友和别人的态度也会变得冷漠，自己也会失去朋友们的信任。我们看似活着，却早已死去。

试问到了那个时候，我们的内心还能开出灿烂的花朵吗？我们的生命还是原来的样子吗？

当然，也并不是说我们不要赚钱，而是要将赚钱当成实现美好生活的手段，而不是将赚钱当成生活的最终目的。

要知道，生活本身就是目的，我们为了活着而活着，至于其他，都应该为了生活这个最终目的而服务，不是吗？

斯多亚派哲学教会了我什么？ @

当我觉得无能为力的时候，就会想起斯多亚派哲学，一个又一个漆黑的夜晚，是它照亮了我前行的方向。

斯多亚派哲学是希腊化时期哲学流派中的一个分支，其创始人是出生于塞浦路斯岛的芝诺。这个芝诺和提出了芝诺悖论的芝诺不是同一个人。

斯多亚派哲学认为，世界上的万事万物都不是偶然的，而是必然的，而且是有目的的。他们主张道德能够引领人们获得幸福，幸福和快乐完全在于符合道德的生活，也就是用理性来掌控欲望和激情。

在他们看来，我们并没有外在的自由，但即便如此，我们还有内在的自由。

比如说，当厄运发生的时候，我们控制不了，我们保证不了我们的一生都是一帆风顺的，因此，我们没有外在的自由。但是，我们可以改变自己对厄运的态度。这个很好理解，我们唯一能改变的，就是我们自己的心态，这就是我们内在的自由。

我们要相信，一切都是最好的安排。

有的时候，厄运并不全是坏事，反而是磨炼我们自己的机会，就像孟子所说："故天将降大任于是人也，必先苦其心志，劳其筋骨，饿其体肤，空乏其身……"

斯多亚派哲学相信宇宙间存在公理，也就是神明的法律。他们主张宇宙间只有一个大自然，万物是一个整体，这种想法也被称为"一元论"。此外，斯多亚学派强调所有的自然现象，如生病与死亡，都只是遵守大自然不变的法则罢了，因此人必须学习接受自己的命运。

没有任何事情是偶然发生的，每一件事的发生都有其必要性，因此当命运来敲你家大门时，抱怨也没有用。斯多亚派哲学认为外在的事物不重要，重要的是内在。

罗马时期的希腊传记作家普鲁塔克曾用一段非常有意思的文字描述斯多亚学派，他说："斯多亚学派认为，灵魂像准备书写的白纸，人出生之后，会不断书写上各种不同的观念。第一种书写形式通过感觉产生。例如，当我们看到某个白色物体，即便物体消失，记忆仍然会保留下来。当很多类似的记忆累积，我们便获得了经验。除了通过这种自然而然的方式获得观念，我们还能通过学习获得，严格来说，只有通过后面这些方式获得的才能真正称之为观念。前者只能称之为知觉。"

斯多亚派哲学在当时影响深远，古罗马时期的诸多著名哲学家，比如小加图、刺杀凯撒的布鲁图斯、尼禄的老师塞内加、皇帝哲学家马克·奥勒留等，都是这一学派的人物。

无疑，斯多亚派哲学教会了我们如何淡定地面对自己的内心，更是教会了我们对无法控制的事情放手。放过那些我们不能控制的，把控我们能够控制的，这与之前所说的"尽人事，听天命"有着异曲同工之妙。看来，东西方早期的哲学也有着很多相通的地方。

最重要的是，斯多亚派哲学主张人们的理性。在面对生活困难的时候，不要怨天尤人，也不要捶胸顿足，而是要学会坦然接受，并想办法动用我们的头脑去应对。

简而言之，一个理性的、不受情感驱动的人，在今天就可以被称为"斯多亚式冷静"的人。

你也想成为这样的人，不是吗？

伊壁鸠鲁哲学教会了我什么？ ↻

　　伊壁鸠鲁学派也是希腊化时期的哲学流派之一，很长一段时间，它遭受了人们的误解，被认为是单纯的享乐主义。

　　伊壁鸠鲁学派的创始人正是伊壁鸠鲁，出生于萨摩斯岛，他的父母都是雅典人。公元前 300 年左右，伊壁鸠鲁在雅典创办了伊壁鸠鲁学派，该学派的思想最早可以追溯到苏格拉底的一名弟子——阿瑞斯提普斯，他认为人生的目标就是要追求最高的感官享受。阿瑞斯提普斯是昔勒尼学派的创始人，该学派是真正的"享乐主义"，后世很多人认为伊壁鸠鲁学派肤浅，很大程度上是将这两个学派的思想混淆起来了。的确，伊壁鸠鲁学派的一些思想源于昔勒尼学派，但在"享乐"上，伊壁鸠鲁学派超越了昔勒尼学派，追求的不是表面上的感官快乐，而是一种灵魂的快乐。

　　伊壁鸠鲁主张世间万物都是由原子偶然运动构成的，都是自然而然的，人不需要追求宏大高远的目标，而是应该追求身体没有痛苦、灵魂没有困扰的简单生活。

　　原子论认为，这个宇宙是由无穷无尽的原子和虚空构成，因为无穷无尽，所以我们的世界只是宇宙当中的一小部分，这些世界也终究会毁灭。正因为如此，伊壁鸠鲁学派特别相信我们的感官经验，他们认为不管是视觉、听觉、嗅觉还是味觉，都是因为物体表面上的原子飞了出来，进入了我们的各种感官通道，这样我们就能识别出它们，所以感官经验一定是可靠的。他们甚至认为，感觉是知识的唯一来源，它是我们接触到的直接而真实的知觉。即便身处疯狂和梦境，人们的感官就其本身而言也是真实的。

伊壁鸠鲁并不相信这个世界有救世主，他们不相信神的存在，也不让我们崇拜神，因为我们的幸福与快乐，只取决于我们自己。可能正因为此，他一直以来就被人们认为是只注重感官享受的享乐主义。

其实，伊壁鸠鲁追求的快乐，绝不是简单的吃喝玩乐以满足身体的各种欲望，而是一种更高意义上的快乐。伊壁鸠鲁的快乐不是做加法，而是做减法，这种快乐，是排除了一切情感困扰后的心灵平静。伊壁鸠鲁的快乐不是短暂的身体上的快乐，这种快乐也不是积极地去得到什么，而是消极地减少欲望，过简单的生活。另外，这种快乐也不是完全自私自利的，因为他认为，帮助别人是一种更大意义上的快乐，就像"赠人玫瑰，手留余香"。

伊壁鸠鲁对欲望进行了区分，有一些欲望是自然且必需的，比如我饿了要吃饭，我渴了要喝水，等等，这些都是正常的，而另一些欲望是自然但不必需的，比如追逐权力，有必要吗？仔细想想，其实没必要。伊壁鸠鲁说："我确信，那些不依赖于财富获得满足的人，才能从财富中获得最大的享受。"

锦衣玉食并非人的必需品，因此他教导人们生活要简朴，不要铺张浪费，正如孔子所言："一箪食，一瓢饮，在陋巷，人不堪其忧，回也不改其乐。"如果伊壁鸠鲁遇见了颜回，这样一个容易满足的人，肯定会认同并赞赏。

简单来讲，伊壁鸠鲁学派的核心内容可以概括成四句话，第一，不要害怕神；第二，不要担心死亡；第三，幸福很容易获得；第四，不幸很容易承受。

只要坚持这四条，灵魂就能保持平静，人就能获得幸福。

除此之外，伊壁鸠鲁还开出了一份快乐清单，里面只有三个内容，即友谊、自由和思想，在他看来，这三样东西都能带给人快乐，他说："友谊使一个人由利己主义走向无私的情感，因为你会做到爱友如己。"

伊壁鸠鲁追求的幸福与快乐，是一种简单的内心平静与安宁，绝不是肤浅的纵欲主义，这一点要清楚。一个人活得自在，才会问心无愧，才会心安理得，才会快乐，他说："最快乐的人是对周围的人无所畏惧。"

犬儒主义教会了我什么？ @

有一个人，他整天住在一个简陋的木桶里面，活得逍遥自在。

有一次，亚历山大大帝特意前来拜访他，并询问道："如果有我能效力的事情，请告诉我，不必客气。"

那个人依旧躺在木桶里面，没有起来的意思。他望着亚历山大大帝，说："你能靠边一点儿吗？您站在那里挡住了阳光。"

亚历山大苦笑道："若我不是国王，我还真想当一名哲学家呢。"

他就是古希腊的哲学家第欧根尼，也是犬儒学派中最重要的代表人物之一。

犬儒学派是古希腊哲学流派之一，由苏格拉底的学生安提西尼开创，第欧根尼则是他的学生。犬儒学派提倡一种禁欲主义，这一学派认为，真正的幸福并不是建立在外在的物质基础上，真正幸福的人也从不依赖这些稍纵即逝的东西。因此，幸福是一件每一个人都可以获得的东西，无论贵贱，无论贫富。

第欧根尼认为，人应该向动物学习，倡导一种原始的生活方式。他提倡人们过一种简单的生活，追求返璞归真，不受各种习俗和规定的限制，也不追求奢华的物质享受。

今天我们提倡的极简主义生活，其最早就可以追溯到第欧根尼。据说有一次，第欧根尼在野外喝水，他看到一个人直接将河水捧在自己的手心里，这样放在嘴边喝下去。他似乎是明白了，原来连水壶都是多余的，于是便将自己的水壶丢弃了。

第欧根尼的很多做法在今天看来，未必可以照搬，但依旧可以给我们带来不少启发。他原本是古希腊贵族，当时的贵族活得很自在，甚至很多事不需要自己动手去做，交给下面的奴隶就行了。

有一次，第欧根尼将自己手底下的奴隶都释放了，周围人都觉得很奇怪，问他："没有了奴隶，你又该怎么生活呢？"

没想到第欧根尼却反问道："真是奇怪，奴隶离开了主人可以生存，怎么主人离开了奴隶就没法生活了呢？"

还有一次，第欧根尼见到一个达官贵人正在让他的仆人帮他穿鞋，便走上前，对他说："他为你揩鼻涕的时候，你才会真正感到幸福，不过这要等到你的双手残废之后。"

可以说，第欧根尼是一个独立的人，是一个真正在生活的人。当时的古希腊社会有点儿像我们中国的魏晋南北朝，贵族们含着金钥匙出生，不用为生计发愁，喜欢坐而论道。第欧根尼对这种现象很看不惯。他认为，世人都是半死不活的，大多数人只是个半人。在中午，光天化日下，他打着一盏点着的烛火穿过市井街头，碰到谁他就往谁的脸上照。人们感到很奇怪，问他为什么这样做，他回答："我想试试能否找出一个人来。"

第欧根尼觉得人世间的很多物质享受都是多余的，也是没有必要的，他追求灵魂的安宁，追求的是内心的幸福。因此，他的思想才显得难能可贵，也更值得我们用心去体会、去学习。

在第欧根尼的身上，还发生过很多有意思的事，他就像那个时代的披头士一样，用最犀利的语言与行动反抗那个社会。

有一次，科林斯人正忙着厉兵秣马，重新修建荒废已久的防御工事，因为即将发生战争。第欧根尼看着大家都在忙活，于是也推着他那个破旧的木桶在地上滚来滚去，从城东滚到了城西，又从城西滚回了城东，人们很好奇，问他在做什么，他说："看到你们忙得不亦乐乎，我想我也该干点什么事情啦！"

人生在世，究竟哪些是可有可无的，哪些是必要的，想必第欧根尼会知道答案吧。

行动决定命运 ◉⤵

我非常喜欢英国前首相，有"铁娘子"之称的撒切尔夫人的一段话：

注意你的想法，因为它能决定你的言辞和行动；

注意你的言辞和行动，因为它能主导你的行为；

注意你的行为，因为它能改变你的习惯；

注意你的习惯，因为它能塑造你的性格；

注意你的性格，因为它能决定你的命运。

我们也有一句古话，叫"性格决定命运"，又有"三岁看大，七岁看老"的说法。实际上，这并不全面，至少它不是静态的，而是动态的。

我们的想法决定了言辞与行动，时间久了，我们说什么样的话、产生什么样的行动就成了习惯使然，这种习惯同时又侧面反映出性格，而性格又会同时决定命运。

一个人遇到什么样的事，会产生什么样的想法，在短期内都是固定的。这也就是人们口中所说的"气场"，气场决定了一个人遇事时的反应，是积极面对挑战还是怨天尤人，实际上都是这个人在很早之前就已经养成的思维惯性。

我们的古人很早就懂得其中的道理，在春秋史书《左传》中，就有很多这样的例子。比如，发生在鲁僖公二十二年（公元前638年）的一件事情，那是在宋楚泓水之战之后，获得了胜利之后的楚成王意气风发，去了郑国一趟，将战利品摆在了郑文公面前，向其炫耀。

那一次聚会，楚成王估计是飘了，做出了一些不合礼制的事情，用《左传》中的话说，就是"非礼也。妇人送迎不出门，见兄弟不逾阈，戎事不迩女器"。

这意思是说，君子们的传统规矩是，妇女迎送不出房门，见兄弟时不跨越门槛，有战事时不接近妇女的用具。

郑文公的弟弟叔詹在看到楚成王的一系列行为后，直摇头，预言道："这位楚王看来是不得善终了。"

今天的我们可能会觉得很奇怪，怎么单凭这点就可以判断一个人的结果呢？这不是随意给人贴标签，下判断吗？实际上翻开史书，尤其是《春秋》，我们经常会看到这样的例子，比如，某人断定某人最后不得好死，理由多半是因为他不懂礼，做出了非礼的行为。

这种看人的习惯影响了中国数千年之久，在今天依然能看到其中的影子。古代讲礼仪，我们今天讲礼貌，其实也有很多相似的地方，都是一种社会规范。一个人若总是违背社会规范，做出"非礼"的事，其多半会在人生道路上碰壁，未来也不会有什么出息，即使靠着天生的优越条件，大概率来讲也会输得一败涂地。

就好比，今天的一个人在众人面前，站无站相，坐无坐相，坐下了跷个二郎腿抖个不停，在别人面前问也不问，就自顾吸烟、打喷嚏，毫无节制。我们多半也会判断此人这辈子大概也不会有什么出息。对于普通人来讲，或许混个温饱就算不错了，但对于王来讲，这样的结果多半是死于非命，不得善终。

见微知著，这是我们古人的智慧。当然这不能作为评判一个人的唯一标准，但可以作为一个重要的参数。

楚成王的习惯多半是常年的生活所养成的，他的想法、他的言行都似乎在一步一步决定着他的未来。果然，楚成王最终的结局也令人唏嘘，是被自己的儿子包围在宫中，被逼自尽。

这是我们应该警惕的地方。虽然思想可以决定行动，但行动也可以反过来影响思想。因此，若是我们发现了自己身上还有很多不足的地方，不妨行动起来，用一次次的实际行动反过来塑造我们的思想，从而完成"逆天改命"的愿望。

嘿，行动起来吧，它能改变我们的命运。

如何拓宽我们的生命？ ⟳

如何扩宽我们的生命呢？

办法有很多，比如多读书，多旅游，多去看看外面的世界，多听听不同于自己的想法与观点。当然其中最重要的一点就是，要学着做一个有趣的人。

首先，一个斜杠青年（指不再满足专一职业生活方式，而选择多重职业和身份的多元生活的人群）会更有趣一点儿。一个人当然要培养自己的爱好与兴趣，但若是只培养一个，那多半会成为一个无趣的人，为什么呢？因为到最后，他只会谈论他自己的兴趣与专长，时间长了，会惹人烦。这样的人，碰到与自己兴趣相投的人，会有很多说不完的话题，而一旦离开自己的舒适圈，可能就会变成一个沉默寡言的人。

要想成为一个有趣的人，首先要保持自己的开放性，不要封闭自己。我们发现这样的人对于世界的认识也会更多元化，与别人相处的时候，也很少会进行个人主观性的判断。沟通最忌讳的就是别人刚一开口，我们就先有了批判性的判断，这是大多数情况下，沟通进入死胡同的一个原因。

对这个世界抱有好奇心和开放态度的人，会愿意去尝试一些新鲜的事物，也会不断扩展自己的边界，比如爬山、蹦极、跑马拉松等，这在其他人看来，会展现出有趣的气息。

当我们在大街上随便问一个人，"你有什么兴趣爱好？"多半会听到这样的话，比如读书、看电影、旅游这些普通的事情。上面说的斜杠青年，指的不是兴趣，而是激情。

兴趣的确会让我们进入某一个领域，但一般也只是适当的投入，如果没有激情，那也只能是浅尝辄止。

因此，要成为一个有趣的人，光靠兴趣是不够的，还要有激情。如果我们对一件事有足够的激情，那么当我们做这件事的时候，会焕发出别样的魅力。

那么，怎样知道我们对一件事情有激情？我们每天早上醒来和晚上临睡前都会忍不住去想、去做的，就是能让我们充满激情的事情。

其次，我们也要做一个行动派，要有"说干就干"的勇气与冲劲。

很多人的兴趣和激情只是挂在嘴上，而很少付之于行动。说干就干，不要等"合适"的时候再去干。

所以，如果我们已经发现自己的激情所在，想要去做一件事情，那么现在就开始！因为从着手去做到变得有趣，还需要很长一段时间的积累。不要害怕开始，因为一开始我们并不需要很快做出多么大的成就来，成就只是有趣的充分不必要条件。

当然，很多事情当我们尝试过之后，激情可能会立即消退。不要紧，这些都是正常的，我们的时间与精力都有限，因此不必对"放弃"耿耿于怀。很多事情，包括很多人接触下来，发现自己并没有想象中那么喜欢，那就及时抽身吧，去尝试下一个。

我相信很多朋友会有疑问，这不是一个莽夫吗？都成年人了，还这么冲动吗？

有这样疑惑的人，想必八成不是行动派。因为当我们走上这条路的时候，我们的感受力会比其他人强，很多原本会掉进去的坑，随着经验的积累，我们会比其他人更容易看清。

最后一点，我们要在激情中，重视体验与成长。

很多人对于生命中可有可无的事都保持一种无所谓的态度，甚至很多人在年纪大了之后，也会培养自己的兴趣，但更多的是一种消遣。得过且过的人不太可能会成为一个有趣的人，这就好比，我们会觉得一个中层干部在家养鸟会有趣吗？大概率不会，除非他对养鸟这事投入热情，经常抽空跑到野外去观察野鸟的习性。否则，养鸟对于他来说就是消遣，一个身份地位的表露，谈不上有趣。

总之，一个有趣的人，必然有着多元的角色和爱好，能够对自己所做的事情充满热情，身体力行，而且不断认真钻研。如果你觉得自己什么都不会，那么请记住，只要你愿意在当下做出选择并坚持，那么若干年后你也可以骄傲地宣布："看，我变得有趣了很多！"

预祝各位都能成为有趣的人！

让我们每天都更幸福一点儿 ◎

几乎所有人都在追求幸福，但若是问一句，幸福是什么，其实很多人也不知道该怎么回答。

那么再问一句，你觉得你自己幸福吗？

其实，"我是否幸福"这个问题本身就暗示着对幸福的两极看法：要么幸福，要么不幸福。在这种理解中，幸福成为一个终点，一旦到达，我们对幸福的追求就结束了。实际上这个终点并不存在，对这一误解的执着只能导致不满和挫败感。

人生漫漫，我们或将永远走在通往幸福的道路上，与其去追求幸福，不如做些小小的努力，让我们的生活更幸福一点儿。

幸福是一种人的主观体验，因此，是否要变得幸福一点儿，完全取决于自己。它和我们是否有钱、是否健康都没有关系，古希腊哲人德谟克利特说："人类之所以感到幸福，并不是身体健康，也不是财产富足。幸福的感受是由于心多诚直，智慧丰硕。"

罗伯特·埃蒙斯和迈克尔·麦卡洛的研究表明，每日把那些值得感恩的事情记录下来的人，确实在身体上更健康、内心更幸福，比如，每天写下最少5件值得感恩的事。

这非常容易，只是很多时候，我们都找不到感恩的对象。实际上，只要我们对生活敏感一些，这样值得感激的人在我们身边有不少。法国著名雕塑家罗丹说过："生活中并不缺少美，只是缺少发现美的眼睛。"

因此，只要我们去发现，总能发现不少。

人不可能独自存活于这个世界，我们也无法做到离群索居，亚里士多德说："离群索居的人，要么是神，要么是野兽。"

每晚在入睡前，我们可以写下5件让自己因感恩而快乐的事情。这些事情可大可小，可以是因为今天吃了一顿美食，抑或是和一位朋友畅聊，从日常工作任务到一个有意思的想法，我们都可以写下来。

当我们习惯了这些后，我们就会发现，生活中处处充满了惊喜，我们会更珍惜生活中的美好时刻，而不会把它们当成理所当然的。

其次，若想让我们变得更幸福，还需要给生活设立一个目标。

实验研究和经验性的证据已经清楚地显示出目标和幸福之间的关系。对于目标，不宜设置得太高，否则长时期达不到的话我们就会有挫败感，目标也不宜设置得太低，否则就失去了挑战性，我们很快就会对此失去兴趣。

一个有目标感的人，他每天的生活都会变得有意义，他所做的每一件事，都带着他走在通往幸福的路上。

人生就像一段旅途，目标的作用是帮助我们解放自我，这样我们才能享受眼前的一切。如果我们盲目地踏上任何旅途，那过程本身肯定不会有什么乐趣。如果我们不知道方向，甚至连自己要去哪里也不知道，那人生中每一个岔路都会变得非常矛盾，似乎向左向右都没错，我们不知道方向，也不知道每条路的终点。那样我们将无法享受旅途本身和风景等美好的事物，只会被犹豫和迷惑吞噬：我这么走可以吗？我在这里转弯会走到哪里去？所以，只有当我们确认目标之后，我们才能把注意力放在旅途本身上。

目标是意义，不是结局。如果想保持幸福感，就必须改变我们通常对目标的期望：与其把它当成一种结局，不如把它看作意义。当目标被认可为意义时，它才会帮助我们规划旅途中的每一步；而当目标被认为是结局时，它带给我们的只会是无尽的困难和挑战。正确的目标认知，带给我们的是一种安宁。

目标是获得幸福的必需品，但它并不是全部。我们一定要明白，目标本身必须是有意义的，它在旅途中带给我们的快乐也是不可缺少的。

所以，不要等到我们有钱了才会觉得幸福，从现在开始，我们就可以幸福起来。日本推理小说家东野圭吾在《时生》中说：
"未来不仅仅是明天，未来在人的心中，只要心中有未来，人就能
幸福。"

放弃，有的时候也是最优解 @

人世间最大的悲哀便是不懂得放弃，古人也一直在告诉我们，
人要学会舍得，因为有舍才有得。

有的时候，当我们所拥有的东西给我们带来负担或折磨的时
候，放弃也是一种不错的选择。

只是，我们不甘心，我们不舍得，我们为其赋予了美好的意
义，总认为以后会好的，只要自己再咬咬牙坚持一阵子，一切都会
有所改变。

然而，这很可能是在自欺欺人。

首先，我们之所以不愿放弃那些我们的所得之物，往往是因为
我们的大脑在"欺骗"我们。

在行为心理学中，"损失厌恶"这个概念有着重要的贡献。比
如，我们现在可以来打个赌——抛硬币，如果硬币正面朝上，你给
我 100 元，如果硬币正面朝下，我给你 150 元。这个赌注明显对你
有利，而且很吸引人，请问，你愿意跟我玩吗？

我相信肯定会有人胆怯，不敢玩，因为人们内心对损失的忍耐

度远远低于获得。损失厌恶反映了人们的风险偏好并不是一致的，当涉及的是收益时，人们表现为风险厌恶；当涉及的是损失时，人们则表现为风险寻求。

简单来讲，就是我们内心深处的害怕。

炒过股的朋友可能会对此深有体会，一旦股票下跌了，我们反而会将其捂着，总认为未来的某一天它会大涨，至少也要回到当初我们买入的价格。如果现在有朋友让你"割肉"，赶紧跑了，你就心如刀割一样，万般不舍。因为你一旦听从了朋友的建议，那些损失的就永远损失了，再也回不来了。

正是因为损失厌恶，人们不愿意割舍自己拥有的东西，也不太愿意在现有的生活中做出一些改变。因为所有生物，包括我们人类，都想有所得，也会更努力地避免有所失。

有一项调查显示，除非有充分的理由换工作，否则人们倾向于坚持现有的工作。经济学中的拒下刚性其实也是一种损失厌恶的心理，它反映了人们的一种现状偏见，这种偏见使人们抗拒改变。所以当我们思考改变的时候，我们更关注可能失去什么，而不是可能得到什么。

损失厌恶是普遍的，它广泛存在于我们的生活中。因此，当我们了解了这一点后，在面对一些该不该舍弃的问题时，便有了一个更高的视角。

再进一步，比如，我们已经对一件事付出了一些时间与金钱，有一天发现这件事不值得我们继续做下去。大多数时候，人们还是会坚持做下去，因为一旦我们放弃，似乎就是在宣告之前的努力与精力都损失了。实际上，之前的汗水都不过是沉没成本，就算再怎么守住它，对我们自身也没有任何意义。

这个时候，最佳的选择就是放弃，或者换一件事去做。尽管放弃给我们带来了沉没成本的损失，但我们的精力都是有限的，我们应该将更多的时间用在其他值得做的事情上。

然而，现实情况却是，很多人"不见黄河不死心""不见棺材不落泪"。如果你也曾经遇到过这种情况，不妨冷静下来想一想，这件事已经让我们看不到希望了，已经没有多少价值了，如果我们继续坚持下去，我们所付出的只会越来越多，最后损失的也只会越来越大。

比如，一条船即将沉没，最佳的选择就是立即弃船逃跑。如果我们站在船上，还舍不得船舱里面的东西，那么到最后，我们的命可能就会跟着这艘船沉没于冰冷的汪洋大海之中。

第四章 认知 篇

幸存者偏差 ⟳

亚伯拉罕·瓦尔德是一名犹太裔的数学家。

在第二次世界大战前，他来到了美国，战争爆发之后，他秘密地为美军工作。有一天，瓦尔德所在的研究小组接到了一个任务，即加固轰炸机的装甲，以提高它们被击中后的生存率。

美国军方认为，如果每次战斗中，自己被击落的飞机比对方少5%，消耗的油料低 5%，弹药多 5%，机动性高 5%，就会对自己有利，从而获得战争的胜利。

于是海军就让这些专家们来设计飞机改进的方案，他们为统计研究小组提供了一些数据，主要是飞机上弹孔的分布。小组人员经过研究发现，这些弹孔分布并不均匀，翅膀上比较多，引擎上比较少。

当时军方普遍认为，应该减少装甲总量，然后在受攻击最多的部位增加装甲，这样飞机可以轻一点儿，但是防护作用不会减弱，因为防御的效率提高了。

但是，这些部位需要增加多少装甲，他们并不清楚，于是找到瓦尔德，希望得到答案。但是，瓦尔德彻底否定了他们的想法，给出了相反的答案。

瓦尔德认为，需要加装装甲的地方不应该是留有弹孔的地方，反而是没有弹孔的地方，即飞机的引擎。

瓦尔德认为，飞机各部位被击中的概率应该是均等的，但是引擎上的弹孔却比其余部位少，这说明那些被击中引擎的飞机根本没有机会返航。我们看到的数据，都来自成功返航的飞机，这说明即便翅膀被打得千疮百孔，仍能安全返航。

瓦尔德还举了一个大家更容易懂的例子，如果去战地医院的病房看看，就会发现腿部受创的病人比胸部中弹的病人多，这并不是因为胸部中弹的人少，而是胸部中弹后难以存活。

于是，军方马上按照瓦尔德的建议改进了飞机，取得了良好的效果。虽然人们不清楚这项改进挽救了多少轰炸机和飞行员的生命，但是对这条建议带来的效果从不吝惜赞誉之词。这一理论后来被总结为"幸存者偏差"。

幸存者偏差在我们的生活中比比皆是，我们很容易就掉入这样的思维陷阱。比如，此前网上一直流传着这样的说法，说乔布斯等人在大学还没读完的前提下退了学，从而获得了伟大的成功。因此，学历对一个人来说其实并不重要。

且不论里面的因果性是否真如他们所说，如果你相信了上面这段话，那么你至少犯了"幸存者偏差"的错误。

因为这个世界上还有很多人在读大学期间退了学，但他们最终都混得还不如曾经读完了大学的同学。他们这一批数据被忽略掉了，沉没下去了，没有人注意到它们。也就是说，如果一件事的成功率是1%，幸存者偏差只让我们看到了那个成功的一个人，而忽略掉了失败的九十九个人。

市面上很多有关成功学的书，往往都在大肆宣扬那些成功的人，并总结出一套成功公式。好像我们只要按照上面所说的去做，就能和他们一样获得成功。成功的因素有很多，有运气因素，有时代背景因素，也有个人能力因素。如果我们仅仅从成功人的角度去看，只是看到了冰山的一角，因为失败者的视角我们看不到。看不到并不代表他们不存在，或许他们失败的原因才更值得我们去分析，去研究。

无论是航空领域，还是经济学领域，如果我们只研究那些幸存者，必然会得出一些错误的结论。

我们既要能看到活下来的人，又要能看到那些死去的人。

为什么我们的大脑是一座信息茧房？　@

我们通过眼睛看东西，其本质是光照射到物体的表面，然后再反射到我们的眼睛里，在我们的视网膜上形成一个图像，由此我们看到了东西。

然而上面这个过程却忽略了大脑的作用，实际上在"视网膜形成图像"与"我们看到东西"之间还存在着"大脑进行解读"这一过程。

除此之外，我们听到、闻到、触摸到都属于我们的感知系统，属于知觉。

心理学家研究发现，知觉是一个主动稳定的过程。它的本质是一个信息茧房，把信息加工成符合我们期待的样子，用这种方式避免我们接收到不稳定的信息。

看一下下面这张图：

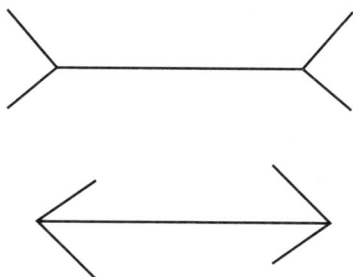

你觉得哪根线段长呢？

很多人会认为上面线段的长度比下面这根长。可实际上，它们的长度是一样的，我们用一把尺子量一下就能知道。

这个错觉是由穆勒·莱耶在 1889 年提出来的，由于线两端箭头的方向不同，我们的大脑会在第一时间认为向内的线比向外的长。如果线段长度增加，则错觉就会减少。

看，我们的眼睛就是这么神奇，这反映了我们看到的不一定就是真实的。我们看到的线段长短，并不完全取决于客观的长度，我们一边识别图像，一边在头脑里加工它"应该"是什么样子。与其说是感觉忠实地记录着外部世界发生的事情并通知大脑，倒不如说是从大脑内部向外回流至感官表面的信息连接在负责产生感知。

类似这样的"视觉错觉"的例子在互联网上有很多，相信你平时也见过不少。

那么，为什么会出现这种错觉呢？其实并不神秘。

当我们看到这张图时，大脑在一瞬间就识别出画面上是两根线段。在没有经过实际测量之前，它会根据过往的有限经验快速进行判断，箭头向内，表示收缩，箭头向外，表示扩张。大脑会认为，因为太长所以要收缩，因为太短所以要扩张。这是我们的大脑大部分时候会形成的第一判断。而第一判断，很多时候都是错的，是与客观现实不符的。

现在，当我们用尺子测量一下，得出了两条线段实际是一样长的时候，我们再次看这张图，又会理所当然地认为它们一样长。因为我们已经对我们的大脑进行了纠正。

大脑能够获得纠正的机会并不多，因此，我们大部分时候都会带着错误继续前进。

不过，人会有这样的错觉，很多时候不是因为感官有缺陷，而是负责解释感官信息的大脑总能自动计算环境中各种背景知识，并直接反馈给我们一个复杂计算后得出的结果。

了解了这些，我们可能会很沮丧，难道以后都不能相信我们的眼睛了吗？

这样想未免有些因噎废食，本末倒置。要知道，我们的大脑是最耗能的一个器官，它无法对我们感知到的每一个信息都进行深层次的分析，很多时候只是蜻蜓点水，匆匆一过。在漫长的演化史中，大脑的这种特性之所以能保留下来，自然有它有利的一面。绝大多数时候，我们不必对此太过担心。

我只是希望大家以后要谨慎一些，时刻保持谦卑，因为"我以为的"真的仅仅是"我以为的"，未必是真实的。

保持一颗谦卑之心，谨言慎行，不要轻易下判断，也不要盲目自大，才是我们需要做到的。

因为，我们的大脑真的就是一座信息茧房。

为什么有些人会冥顽不灵？ ⟳

德国哲学家康德认为，我们每个人天生就戴着一副有色眼镜。空间与时间都是我们的主观认知，并非客观存在。每个人在出生之后，都会处于某个特定的时间与空间中，而这种特定的时间与空间，便成了我们每一个人的有色眼镜。

比如，我现在可以想到一个苹果，甚至其他的物品，我脑海中会突然显现出这些东西。我所能看到或想到的一定是位于某个空间当中，并且占据着某个空间的东西。我总会先有一个预设的时间和空间背景，然后才把我的经验对象放在这个背景上来理解。这个预设的时空背景就是我与生俱来的有色眼镜。在心理学中，它也被称为"图式"。

后来，来自瑞士的心理学家让·皮亚杰用心理学的语言阐释了这个概念，把图式定义为一种认知结构。

举个例子吧，春秋时期，晋国发生了骊姬之乱。

公元前 672 年，晋献公准备攻打骊山附近一个叫骊戎的小国。在出征之前，他找人占卜，得到的结果是"胜而不吉"。

看上去好像不怎么吉利，但晋献公最终决定还是出征骊戎国。结果，晋国士兵一路势如破竹，取得了胜利，并带回了两个女人，姐姐被后世称为骊姬，妹妹则被称为少姬。

晋献公非常喜欢骊姬，后来打算立她为夫人。在做大事之前，晋国习惯占卜，于是这一次，他又找人占卜，得到的结果是"不吉"。

晋献公不信这个邪，他又想到了一个办法，也就是"筮之"。

古人预测吉凶并不是只有一种烧龟壳的手段，烧龟壳只是其中的一种，叫"卜"，而用蓍草预测吉凶叫作"筮"。一般来讲，古人相信动物比植物精，更灵验，因此烧龟壳比用蓍草占卜更常见，也更可靠。

不过到了具体环境还得具体分析，比如这一次，晋献公觉得龟壳没有给出自己想要的答案，于是就决定换一种办法。显然，晋献公的这一番操作在今天的人看来是执迷不悟，一定要得到一个满意的答案，在当时专业的占卜师看来，就是不诚心。古人有"卜筮不相袭"的说法，大概意思是说，你既然已经问了我了，就得信，你不信，还跑去问另一个不如我的，神灵如果一生气，就不会告诉你真实答案。

占筮的结果比占卜要好一些，是"吉"，但后面还说国君将会因为专宠而失去珍贵的东西。就像香草和臭草放在一起，十年后还会有臭气。

显然，晋献公并没有将占筮师后面的话放在心上，他只相信自己愿意相信的。

这样的情况在古今中外都很常见，对于现代人来讲，更是经常会犯。

有的时候，我们会发现他人不可理喻，明明证据就摆在了眼前，为什么对方就是不愿意去相信呢？

实际上，站在他们的视角来看，就算铁证如山，如果客观信息对自己不利，他们也会从中得到一条对自己有利的信息。

在美国，有这么一批人，他们不相信地球是圆的，认为地球是平的。人们觉得他们的想法很怪异，就亲自带其中的一些人坐上飞机。在高空俯视地面，可以发现地面呈弧形。人们还将空间站拍到的照片给这些人看。结果，这些人非但没有改变自己的看法，反而更加确信地球是平的了。因为他们认为这些都是阴谋，是一些别有用心的人故意放出来让他们看到的。

在这个世界上，很多人相信阴谋论，而且随着事件的流逝，会愈发地相信。这只是因为他们有意将与自己认知不符的信息都筛选掉了，只看到了他们愿意去看到的那些。

对于我们来讲，这需要引起我们的警惕与注意。

时刻保持一颗谦卑之心，承认自己有的时候也会犯错，可能就是避免陷入这种思维陷阱中的最好办法。

自证预言是真的吗？ @

我们越是担心一件事，这件事就越有可能发生。这就是心理学中的自证预言。

自证预言的意思是，人会不自觉地按预言行事，最终令预言发生。这个预言其实是我们对事情的看法。

比如，面试之前，你可能觉得准备没有用，面试不会成功。最后虽然你依然做了面试准备，但预言还是实现了，你真的没有成功。

是准备真的没用吗？未必如此。因为你怀着"面试不会成功"的负面想法，所以即便准备了，在面试过程中你还是对结果持怀疑态度，你难以集中精力全力以赴，之前的准备不过是走过场，你并没有让它发挥真正的作用，导致最终面试失败。

这个例子说明认知会影响行为，行为导致了不好的结果，最后真的验证了最初的认知——做这件事是没用的。认知又是从何而来的呢？它不是凭空出现的，它受个人经验和情绪的影响深重。这种自证预言的罪魁祸首就是担心的情绪状态。

当我们处于担心的情绪中，会有一种缺失安全感的体验，而安全感的缺失又会推动我们处处警惕小心，对他人的态度也会产生相应的变化。

所以这种"担心什么来什么"的事情不单单会发生在自己的身上，也会投射到我们对他人的看法上，并左右别人与我们的关系。这是因为我们的行为会影响他人对待我们的态度和行为。

比如，一个人在前一段的感情中，经历了对方出轨，她就会非常担心在新的恋情中再次发生同样的事，所以会担忧、害怕和警惕，这些情绪会让她不信任自己的伴侣。对方跟异性同事吃饭或跟异性朋友说话，这些在他人看来很平常的事，也会被她当作危险的信号。她对待这些信号的处理方式可能是质问、要求对方解释甚至偷偷翻看对方的手机。

诸如此类不信任的行为会让对方感到不被尊重和信任，所以对方也难以建立安全感和信任，进而逃避追问、隐瞒真相。久而久之，在这种关系当中长期被压抑或许会促使对方寻找新的感情依靠。

看起来，自证预言不过是我们给自己设置的圈套，有时这种预言是没必要的，是虚假的。有个经典的心理学研究叫"疤痕实验"，参加实验的志愿者们被告知了实验目的：他们将被以假乱真的化妆技术，变成一个面部有疤痕的丑陋的人，然后在指定的地方观察和感受不同的陌生人对自己产生怎样的反应。

志愿者们在化装过后通过镜子看到了自己面带疤痕的丑陋样子，而后在他们不知情的状况下，脸上的疤痕又被处理掉，他们走出去面对陌生人时其实在以真实面貌示人。实验结束后，志愿者们报告他们感受到的陌生人的反应，无一不是对自己感到厌恶、缺乏善意，甚至认为别人会盯着自己的疤痕看。

可实际上，他们的脸上根本没有疤痕，志愿者之所以会得到那样的反馈，是因为他们认为自己脸上有疤痕、很丑陋。你觉得自己是面目可憎的，才会认为别人也觉得你面目可憎。

心里有疤比脸上有疤还要可怕，它会让我们对自己产生怀疑，对他人产生怀疑，对人生消极抵抗，这道心里的疤就是你自证预言的证据。从这个实验当中我们应该明白，其实自以为的东西或许根本不存在。

我们能做的就是把握好影响事情发展走向的内因，通过积极的行动降低糟糕结果发生的可能性。害怕迟到就早一点儿起床；担心争执和吵架就保持心平气和，坦诚沟通；怀疑对象出轨就多考察一段时间再做决定……至于外因，我们确实没有办法左右，但接受它的发生，用良好的心态去面对，或许是我们唯一能做的。就像之前所说的，"尽人事，听天命"，抑或是斯多亚派哲学教给我们的，控制自己能控制的，放过自己不能控制的。

别忘了，我们手里还有两个武器，我们可以选择留下更客观的记忆，也可以选择去验证更美丽的预言。

贴标签是好事还是坏事？

我曾经有一名同事，暂称为小王，他要跟一个新调过来的同事小李进行合作。小王见到小李的第一眼，就觉得此人凶神恶煞，并认为小李多半不是一个靠谱的人。

有了这样的第一印象，小王便对这次合作有些抵触，他甚至认为就算是自己再怎么努力，最终小李一定会搞砸这件事情，且从第一印象中，小王就认为小李其实也不愿意合作。

当时的我一直观察着他俩的合作，在接下来的过程中，我感觉在他们两个人之间有着一股怪异的"味道"。小王经常跟我抱怨小李的不靠谱，甚至小李说的每一句话，在他看来都有着另一层意思。可是在我这个旁观者看来，小李说的话并没有什么问题，这完全就是小王想多了。

再之后，小王与小李之间的合作果然中途夭折了。最终是小李向领导提出了中断合作的申请。小王知道这件事后，当着我的面，猛地一拍大腿，跟我说："你看吧，果然如我所料，小李根本不靠谱，我第一眼见到他，就知道我们的合作肯定没有结果。"

但是在我看来，小李也并不像小王所说的那般不靠谱。

从他们两人相见的一开始，小王就给小李贴上了"不靠谱"的标签，结果事情的发展又似乎一次又一次印证了小王的猜想，这和之前我们讲过的自证预言有些相似。

由于我们的大脑非常复杂，每天要处理成千上万的信息，因此在漫长的演化史中，它演化出了一套对事物简化的系统，通俗来讲就是给各类事物贴上标签。但这种标签是否符合真实情况，实际上我们的大脑是不怎么管这些的。

这虽然节约了我们大脑的耗能，让我们可以将更多精力用在其他更重要的事情上，但同时也给我们带来了诸多的麻烦。

开头那个例子中，小王一开始就认为小李是一个不靠谱的人，小王的头脑中一旦有了这样的印象，他的注意力就会集中在这一点上，此后小李的种种行为，也都会被小王解读成"不靠谱"。

很多年轻人对星座很感兴趣，认为自己对应星座的特点与自己很相符，甚至在很长一段时间里，各星座的特点也会影响我们对他人的判断。有关星座的分析中，金牛座被认为是抠门又爱财的人。当我们对金牛座有了这样的第一印象后，此后遇见的每一个金牛座，若是他们表现出抠门或爱财的一面，就很容易被我们发现，于是我们便会觉得星座的分析印证了我们之前的判断。

试问，在这个世界上，谁不爱财呢？就算是抠门，怎样才算抠门呢？难道除了金牛座，其他星座的人就没有抠门的例子吗？

我想，显然不是的。

当然，标签并不全是负面的，也可以是正面的。负面的标签会让我们对他人产生负面的看法，并影响到我们的人际关系，但正面的标签同样也可以让我们朝着标签的方向前行。因此，如果下一次忍不住要贴标签，我们不妨给自己或他人多贴一些正面的标签。

比如，如果我们给新认识的朋友贴上"积极助人""乐观友善"的标签，我们对他的态度也会变好，他也会感受到我们的态度，并更加积极地对待我们。这样就形成了一个正向循环。

指数增长与对数增长——两种技能增长曲线 @

只要一个人用心，他的能力都会随着时间的流逝而增长，然而，这种成长却有着两种不同的增长曲线。

一种是对数增长，我们会发现，在初期的时候，进步速度非常快，可是越到后面越慢，几乎不再有所增长，哪怕是付出再大的努力，也只能增长那么一点点。或者换句话说，到了后期，所付出的精力与收获不成正比。

许多体育运动的增长便是如此，在最初的一段时间里，我们都能获得可见的成绩，但是越往后，进步就会越难。通俗说，就是入门很容易，但精进很难。

学外语也是如此，初期，我们可以很快就掌握字母表，甚至只要掌握基础的几百个单词就能进行简单的交流，但是要想达到各种场合下运用自如的水平却是难上加难。

另外一种是指数增长，刚好与对数增长相反。前期，你花费了很大的精力，但收到的效果甚微。如果你肯坚持下去，在到达某一个临界点之后，我们就会发现，增长会突然变得迅猛起来，而且增长得越来越快。

技术进步就是这样，在研发的最初阶段，我们有很多困难要克服，要么就是性能不佳，要么就是成本太高，要么就是市场还不认可，甚至根本看不到什么希望。随着慢慢摸索和迭代，性能越来越好，成本越来越低，直到有一天被市场广泛接受，然后就是爆发式的增长。摩尔定律就是典型的指数增长。

企业的成长、个人财富的增长，大体也都符合指数增长。

当然，指数增长就怕还没等到那个爆发的临界点之前就中途放弃。

实际上，人生中的许多事都符合这种指数增长。比如阅读，阅读是一件很容易的事，但在你养成阅读的习惯后，很长的时间里，你可能都会觉得没有什么效果，好像之前看过的书都白看了。但是一旦你坚持下去，不问得失，当你阅读的量积累得足够多，达到一定的临界点之后，你会发现自己体内就像是被一道闪电击穿。之前看过的书突然之间就浮现在你的脑海中，且你能领悟到一本书与另一本书的相通之处。

工作中的能力也是如此，刚刚步入职场的人可能会感觉异常艰难，似乎自己什么都不懂，什么也学不精通。随着时间的流失，曾经的"小白"也会逐渐成为公司里的技术精英，这种成长往往符合指数增长，在某个临界点之后产生了井喷式的爆发。

这种到达临界点时的感受，让人非常舒爽，颇有一种"柳暗花明又一村"的畅快感，就仿佛是曾经黑漆漆的道路被瞬间点亮了一样。

我们所有的努力，都不会白费，目前看不见增长，其实都已经被命运暗暗地储存了起来，等待某一天连本带息一起偿还给我们。

当然，最重要的是，我们要耐得住寂寞。王献之在成为书法大家之前，用了十八缸的水来书写，那可是十八缸水，不是墨汁！诚然，王献之是一个天才，但他并不是仅靠天赋吃饭的人，在他的背后，有不为人知的泪水与汗水。

做学问亦是如此，要耐得住寂寞，并有长期坐冷板凳的准备。否则，一旦看到自己没有成就，就很容易中途放弃。到时，怕是什么都做不成吧。

之前讲过放弃的智慧，人生中有很多事需要我们舍弃成本，懂得止损，但现在又说坚持的可贵与价值，其实，这一点儿都不矛盾，任何成年人都应该明白，这个世界不是非黑即白的，是复杂的。

有些事需要坚持，有些事需要放弃。至于哪些应该坚持，哪些应该放弃，实际上并没有一个衡量的标准，全凭自己内心的感觉。

美国作家菲茨杰拉德曾说："检验一流智力的标准，就是看你能不能在头脑中同时存在两种相反的想法，还维持正常行事的能力。"

愿你我都能拥有这样的一流智慧，知道什么该放弃，什么该坚持。

关于运气的学问——回归均值 ◉

夫妻两人明明都是"985"的高材生，为什么他们的孩子却在学校里表现平平，最终只上了一个普通二本？一个人在某一时期内运气爆棚，买彩票中了大奖，若干年后再见到他们，为何混得比当初还要惨？

这一切的背后，其实都和回归均值有关。

回归均值是生物学上的一个术语，最早由达尔文的弟弟高尔顿提出。

1877 年，高尔顿在英国皇家科学院做了一个演示报告，听众也都是当时一些知名的科学家。在这次报告中，高尔顿一边演示实验，一边向众人展示自己的研究成果。

高尔顿这次演示的东西，被后人称为"高尔顿板"。

它是一个平板，只不过下面有很多垂直的小槽，槽上面是一些排列成三角形的小格挡。首先，让一个小球从最上方掉下去，它会经过各个格挡的阻碍，最终落到一个竖槽里面。每个小球进入竖槽之前的运动完全是随机的，但是当你放了很多很多小球之后，它们就会在竖槽上呈现一个明显有规律的分布，即钟形曲线。

其实这就是正态分布，高尔顿展示这个实验是为了说明，人的很多性质是遗传的，比如身高和智商，这些性质可能受多个遗传因素影响，但是这些多个因素叠加在一起，结果呈现出了正态分布。

这也不是什么奇怪的事，但是高尔顿在竖槽下面又放上了一些格挡，然后格挡下面再放上第二排竖槽。

这就是模拟了两代人的身高。第一排，代表着第一代人的身高分布，是正态分布，那么第二代再一次遗传，到达最下面的竖槽，难道还是正态分布吗？

最下面的竖槽中依旧是正态分布，但更宽广，用数学术语来说，就是其"标准差"比第一代更大。这也就意味着，每一代身高的标准差会越来越大，也就是身高特别高的和特别矮的人应该一代代越来越多才是。

可是，真实世界却并不是这样，身高特别高的和特别矮的并没有很多，反而绝大多数人都处于平均身高的区间，也就是说，现实中的身高依旧是一个比较平稳的正态分布。

高尔顿还考察了 605 个英国名人，发现这些名人的孩子们，普遍不如名人自己知名度高。

高尔顿考察了英国男子身高和手臂之间的关系，他发现，身高特别高的人，手臂也都比较长，但是问题来了，他们的手臂并不是最长的。这就像是最聪明的父亲没有生出最聪明的儿子一样，手臂相对于身高，也出现了回归平庸。如今，我们将这种现象称为"回归均值"。

回归均值是一个简单的统计现象，本质原因是小概率事件不会一直发生下去，这背后其实也没有什么神秘原因。其背后蕴涵的这些意义，实际上值得我们每个人深思。我们只要知道，在这个世界上，总有一股力量，将我们拉回平均值。再进一步，我们得承认运气的重要性。

在这个世界上，极端的事情属于小概率事件，我们普通人每天遇到的事情和经历的生活，大概率来讲都处于平均值的区间。比如，你这一次考试考得特别棒，但是下一次你似乎发挥失常，考得没前一次好了，不要纠结是不是因为你不够努力，或者抱怨老天的不公，这很可能只是一次回归均值。

当你人生不如意的时候，或者说发生了一件比较糟心的事，放心吧，这种坏运气不会持续太久，你很快就会迎来好运气，因为回归均值。

当你春风得意之时，切不可骄傲自大，因为，坏运气马上就会如影随形，因为回归均值。

我们的古人告诉我们，失意时，不要气馁，得意时，不要骄傲，要小心翼翼，如履薄冰，就是因为我们早晚有一天要"回归均值"的。

正所谓"不以物喜，不以己悲"，也许，当你了解了回归均值后，你再次回过头面对人生的时候，会变得更加坦然。

文科生喜欢用充满诗意的文字来描述人世的无常，比如"眼见他起高楼，眼见他宴宾客，眼见他楼塌了"，纵观历史，那么多人登上人生顶峰之后便一落千丈，似乎背后真的有一股神秘力量在作祟，理科生则会冷静地告诉你："回归均值而已！"

拒绝形式主义 ◉

我曾经在网上看到过一个短视频，视频中，一个小学生模样的孩子在镜头前背诵圆周率，一直背到了小数点后二十位。之后，妈妈称赞孩子真聪明。

实际上，在日常生活中，我们根本用不到圆周率小数点后这么多位，只需用到小数点后四位即可。如果要算出地球的赤道长，我们只需精确到小数点后 9 位的圆周率，就可将计算结果精确到 1 厘米。

因此，背诵圆周率在我看来，并没有什么意义。

爱因斯坦是人类有史以来最聪明的人之一，有一次，一位记者对他的大脑感到十分好奇，便问他是否能记住自己家的电话号码。爱因斯坦坦然回答，记不住。不过很快，他又补充道："我的大脑是用来思考的，不是用来记电话号码的。"

我们的大脑应该被用来思考更有价值的事，而不是用来记一些对我们的生活意义不大的事。

另外，孩子的记忆力远比大人的更强，如果想通过背诵东西来训练记忆力，不妨去背一些有意义的内容，中国有那么多的唐诗宋词，这些都要比圆周率更有意义。

我身边有一些朋友，专门记忆那些历史发生的时间点，比如某件事发生在公元前某年某月某日，某位历史人物是出生于哪一年，去世于哪一年，活了多少岁，甚至将中国历史中各个皇帝的顺序倒背如流。他们以为这就是历史，实际上，历史中最重要的不是这些具体的时间点，而是其背后的脉络与传承。就算我们记住了历史上发生的每一件事，对我们了解历史也并没有什么意义。

　　再者，关于这些具体的时间点，我们完全可以通过记笔记的方式将它们记下来。现在互联网如此发达，上网查一下也非常容易。等到下次我们需要用到的时候，再回过头来翻一翻就好了。

　　这种记忆仅仅只是一种形式主义，缺失了具体的内容，就像是一个空架子。表面上看是完整的，但内在却是空虚的。正如马克·奥勒留在《沉思录》中所说："不要只注重形式上的修辞而放弃了实质上的思考。"

　　最后讲一点，很多朋友可能平时也会看书，不过他们也会有一个疑问：读书是不是要记住里面的信息？如果记不住，是不是就表明没有效果？

　　实际上，完全不是。在信息检索和互联网如此发达的当下，"记住"大量信息，是对资源的浪费。再者，大脑天生也不适合记忆，它的储存能力虽然非常强，但提取能力和工作记忆空间极其有限。

　　那么，我们要去"记忆"的是什么呢？是关于知识的框架和位置。也就是说，对于一个知识点，我们要记住的是它的含义是什么；它的原理和机制大致是什么；它跟其他知识点之间有什么联系——这些就足够了。至于具体的细节、数据、详情，没有必要记住，我们可以把这个任务交给电脑、搜索引擎以及我们的笔记。

重点在于，你的脑子里要有一张网络，每个知识点要有明确的位置，看到它，你能迅速知道它在哪儿、跟哪些节点有联系，这才是最重要的。一切阅读、学习，最终都要归结到这张网络里面，才是真正有效的做法。

简单来讲，大脑是用来思考的，不要拿来记忆。正如村上春树在《第一人称单数》中的《奶油》一文中所说："你的大脑啊，是用来思考难题的，是为了想方设法，把不明白的事想明白而存在的。可不能软趴趴地偷懒哟！现在正是关键的时候，是你的大脑和心灵成型、定性的时候！"

决定现在的是未来吗？ @

你觉得是什么决定了现在呢？是过去决定了现在吗？

其实，决定现在的不是过去，而是未来。

以上是萨特的哲学观，非常有意思，也非常有启发性，我们不妨一起来看一下。

萨特的时间观是一个比较抽象的内容，其主要得益于现象学。在现象学中，时间是意识存在的先决条件，这意思是说，如果没有时间，那么我们的意识也就不会存在。"自为"永远创造过去，却也永远为将来所昭示。"自为"是萨特哲学观中最重要的一个概念，特指人的存在，用以区分物的存在。比如说，对于一个人来讲，他的过去，他的本质，都是他的行为而造就的，但这些对他现在来说全然没有意义，因为过去和现在之间是完全断裂的。因此，现在的意义不能从过去中寻找，而只能从将来中去寻找。

这就好比，过去发生了什么，其实并不重要，重要的是，现在的我们对过去所发生之事的解读。人的过去能产生什么样的意义，取决于人现在面向将来的选择。这就相当于，你想成为什么样的人，就先按照那样的方式去生活。

从这个意义上来讲，过去是由现在所产生的，现在又为将来所产生，那么问题也就来了，将来是什么呢？用萨特的话来讲，将来就是"自为的现在"不是的东西，即对存在的否定。因此，现在什么都不，现在作为"自为"就是否定性的，就是"虚无"。

萨特的这种时间观，与科学的时间观完全不一样，不是客观的，是主观的。但正是这种主观，让我们得以重新审视我们的现在。

在此基础上，萨特又提到了"超越性"，又可以叫作"超验性"，康德就曾用"超验"来指那些我们不可知的"物自体"，我们不必去管这些哲学术语究竟是什么意思，我们只要将"物自体"当成我们所无法理解的那些东西即可。萨特将"超验"用作"自为"在面向将来的无限追求中发现对象的能力，即"自为"超越到对象的能力，通俗来讲，就是"超越自我"。

纵使现在的我们一无所有，哪怕是丧失了所有的希望，没关系，因为能够决定现在的，不是现在，也不是过去，而是将来。因此，很多人认为萨特的哲学不是纯粹意义上的"虚无哲学"，而是"未来哲学"，是一种"积极哲学"。就好像，将来的自己，一定会感谢现在默默努力的自己。

或者说，人永远不会"是"什么，而是永远都正在"成为"什么。

因此，不必为过去发生了什么而懊恼，我们应该将眼光投向未来。我们希望现在是什么样，就可以按照那样的方式生活，从现在开始，行动起来，去拥抱未来。因为，能够决定现在的，是未来。

当我们走过一段人生旅途后，站在比现在还要高的地方回望现在，那么现在究竟意味着什么，完全取决于那个时候我们的心态与处境。或许，现在的我们可能不如意，会觉得现在的日子太苦。但是等到若干年后，未来的我们或许就会向现在投来感激之情，正是我们今天的努力，才造就了我们的未来。未来又通过另一种方式重新诠释了现在。

记得以前高中的时候，我觉得那时候的我过的真是苦日子，但为了心目中的理想，我咬牙坚持了下来。物理老师曾经跟我说，高中生活就像是一杯咖啡，现在喝起来好像很苦，但以后回味起来，却甘甜无比。

当时的我并不明白老师是什么意思，一直到很多年以后，当我回想起过去的时候，才瞬间领悟了这句话的含义。

能够决定现在的，是未来。

第五章 成长篇

固定型思维还是成长型思维？

每个人看世界的方式都是不一样的，这种不同，可以简单理解成人的心智模式的不同。

从本质上来讲，心智模式就是我们组织和加工世界的方式。

心智模式对我们很重要，因为它决定了我们会如何面对遇到的挫折和失败，如何去追求一心想追求的成功和幸福，以及在这个过程中，我们会如何评价我们自己。

自我的发展过程，其实也是心智模式不断发展和进化的过程。

我们可以将人的心智模式大体分为两类，一类是固定型思维，另一类是成长型思维。

固定型思维，指的是一个人对事物的看法是固定的，在外人看上去比较固执。比如，他认定了一个观点，那么此后就一直坚信这点。最重要的是，他对自我的认知也时常是消极的，是否定的。因为一次两次的失败，可能就会形成"自己就是这个样子"的固有形象。

因此，我们很有必要摆脱固定型思维带给我们的束缚。

首先，我们要了解自己会在哪些情景中容易掉入固定型思维的陷阱，这个方法很重要。对于每个人来说，容易掉入固定型思维陷阱的情景可能会有所不同。比如，有人在担心犯错时容易陷入固定型思维；有人在感觉被评判或被批评时，或在第一次努力尝试某件事时，抑或是在应对超负荷的生活压力时，容易产生消极想法。此外，在某些特定情景中，可能会有更多因固定型思维而引发的信念浮现在人们的脑海中。比如，有人在面对学业时更容易陷入固定型思维，引发诸如"我很笨"或"我永远无法理解这一点"等想法；有人在面对社交环境和同龄人时，更容易遭遇固定型思维，引发诸如"我交不到真心朋友"或"我不讨人喜欢"等想法。

其次，我们要知道，固定型思维通常包含了某些常用短语，这让它们更容易被发现，比如"我不行"。当你陷入固定型思维时，可能会这样想："我做不到，所以尝试没有意义。"这些"我不行"的认知会让我们逃避所有挫折和挑战。固定型思维的另一个常见短语是"我永远是"。比如，"我永远是一个失败者""我永远一团糟""我永远很糟糕""我永远不讨人喜欢"。只是简单的一句"我永远是"这样或那样的话，便会引诱我们相信，自己被永远钉死在原地。

这种固定型思维主要受到我们的成长环境的影响，尤其是小时候是否受到了足够的关心。如果我们从小就缺乏安全感，或经常遭受别人的批评与指责，那么长大之后便更容易被自己的固定型思维裹挟。

与固定型思维相对的，是成长型思维。所谓成长型思维，就是通过改变我们看待世界、他人和自己的角度，发展出对世界更灵活的应对方式，它是人类的智慧之光。

有些道理显而易见，世界在不停地变化，我们的经验也在不停地变化，所以，我们也需要发展出一种能够容纳变化的思维方式，而不是抱有一种僵化的固定型思维。

可喜的是，只要我们愿意，就可以转变过来。要想获得成长型思维，并没有我们所想的那么难，只要坚持养成这样的思维习惯，我们也就会变得越来越积极，自我也会愈发成熟。

有必要的话，我们可以在每天晚上将自己这一天的行踪记录下来，而后做一个复盘，反思一下自己今天的所作所为，将其变成一个可以迭代的进步阶梯。

最重要的是，我们要保持一个开放的心态，接纳世界，接纳他人，接纳自己，并大胆承认自己的不完美。

我们要相信变化，拥抱变化。如果我们相信变化，那么我们是一个什么样的人根本不重要，我们会发展成什么样的人才重要。

要知道，决定现在的不是过去和现在，而是未来。

人的本质是虚无 ⤶

人的本质是什么？

千百年来，哲学家与思想家们都对其做出了解释，但在我看来，能够让我信服且能带给自己积极改变的，是 20 世纪著名的法国存在主义哲学家萨特的观点。他认为，存在的本质是虚无，无论是人还是物，其本质都是虚无。

这种虚无，并不是消极意义上的虚无，而是哲学意义上的虚无。

萨特将人与物区分开来，这两类事物在这个世界上的存在是不一样的。简单来讲，物的存在是自在的存在，指的是有一个固定的本质，比如金属有延展性。而人的存在则是自为的存在，本质是可以变动的。比如一个杯子，它永远都是一个杯子，而人却拥有主观能动性，有选择。南宋抗金英雄文天祥，在面对历史性的选择时，他可以选择投降元军，享受荣华富贵，这种可能性是存在的，但他没有，他选择了"人生自古谁无死，留取丹心照汗青"，成为一位后人敬仰的英雄，而不是众人鄙夷的对象。因此可以说，文天祥的本质不是唯一的，不是注定只能是"英雄"或"汉奸"，一切都是他自己的选择。

萨特认为，一切的发生都是偶然性的，他反对必然性。甚至，就连人的出生也都是偶然的，是被抛到世界上的。不仅人对于世界是偶然的，就连对象也是偶然的，并且连接人与对象，自为与自在之间的关系也是偶然的。不过，人的偶然性与物的偶然性又不一样，人是偶然性的集合和逻辑上的支撑点。萨特强调偶然性，使用偶然性来击破必然性，人是所有偶然性的根源，那么人的自由就是不为必然所限的，是绝对至上的。

也就是说，没有谁天生就是什么样的，因为我们的命运掌握在我们自己手中，我们是有选择的，是可以改变的，这就是我们人的自由。而其他物则没有这样的自由，它们自诞生之日起是什么样，那么等它们从这个世界上消失，如果没有人的外力改变，它们就还是什么样。

物，或者说对象的存在是"自在"，完全是消极被动的，因为它们无法让自己成为什么，一块石头，就是一块石头，它之所以是一块石头，是偶然的，但从偶然中出现后，就是不可改变的，没有人的帮忙，石头就只能是石头，变成不了雕像。而人就不同了，我每天都会发生变化，我小时候努力读书，长大了就可以上一个好大学，找一份好工作。我现在努力工作，就可以让自己拥有更多的工资，并过上越来越好的生活。至少，人要比物更自由。

从萨特的哲学观来看，他的思想非但不是消极的，恰恰是一种积极的入世精神，因为其充分肯定了人的自由意志。正是因为人的意识总是在不断变化，所以这就提供了一种"可能性"，人的本质就是不固定的，而这种本质的不固定，也就带来了人的自由。

萨特的魅力也在于他近乎疯狂地投入人类世界中，是一个积极的人，而不是一个书斋学者。

早年阅读萨特的哲学，我的内心总会升起一种崇敬之情。从此，我一直在贯彻萨特的哲学观，我的生命才得以最大限度地展开，并在面对人生困难的时候，毫不退缩，勇往直前。

我是谁，由我说了算，而不是别人说了算。

具体来讲，是我的行为与认知决定了自己是谁。

人的本质是荒诞 ◉

加缪和萨特都是法国存在主义哲学家，萨特认为，世界或人的本质是虚无；加缪认为，世界的本质是荒诞。

加缪的著作《西西弗神话》因为西西弗书店在国内的陆续开放，而被大家所熟知。

西西弗是古希腊神话中的一个角色，传说是科林斯的国王，后来他得罪了众神，被罚推一块巨石上山，而且是永无止境地推。当石头被推到山顶时，由于重力原因就会滑到山的另一边，西西弗便跑过去继续推，如此反复，真是一件折磨人的苦差事。

在诸神看来，再也没有比让一个人进行这种无效无望的劳动更严厉的惩罚了，但西西弗却一次次走向不知尽头的磨难，他意识到自己荒诞的命运后，却不停歇地永远前进。

这像不像是我们的生命，抑或是工作，每天忙来忙去，为了金钱，为了自己和家人的生活。可是，我们终究是要离开这个世界的呀。从某种程度上来讲，我们每天看上去忙来忙去，实际上就像是神话里的西西弗。

然而，加缪的哲学不是消极的，荒诞不是他哲学的终点，而是起点。

他认为，否定生活意义的逻辑推理不应该否定生活本身，因为在人生中，只有荒诞才是一个已知的东西。

荒诞是人的一种主观感受，产生于人质疑其所在世界而又得不到任何答案的感觉。

在荒诞中，人看到的是对精神痛苦的描述，对存在状态的怀疑，他说道："起床、公共汽车、四小时工作、吃饭、睡觉、星期一二三四五、总是一个节奏……"一旦有一天，人们质疑这"平淡""庸常"的生活，想要拒绝这种生活，提出了"为什么"，就开始觉悟到了荒诞。

在加缪看来，这种荒诞感产生的根本原因是个体的"我"以外的世界和他人中，存在着非人因素。加缪说："这种面对人本身的非人性所感到的不适，这种面对我们所是的形象感到的巨大失败，这种被我们时代的某个作家称作'厌恶'的感情，同样也是荒诞"。

荒诞是这个世界的本色，是唯一一个已知的东西，是人与世界之间的唯一联系。

加缪说："如果生活是荒诞的，无意义的，那就应该更好地经历它。"

除了接受与经历之外，我们还应该去反抗。反抗并不是要消解荒诞，荒诞是消除不了的，而是要在这荒诞的世界里和荒诞共存，在这危险的生活钢丝上坚持。他指出，唯有这样的反抗，才能"赋予生命以价值，它贯穿生存的整个过程，给生存以尊严"。

加缪认为，荒诞的人正是在清醒地认识到荒诞之后，"感受自身的生活、自身的反抗、自身的自由，而且是尽可能地感受"，他说："这就是生活，而且是最大可能的生活。"

罗曼罗兰说："这世上只有一种真正的英雄主义，那就是认清了生活的真相后，依然热爱生活。"

加缪则可能会说："这世上只有一种真正的英雄主义，那就是认清了世界的荒诞后，依然热爱荒诞，热爱生活。"

荒诞的激情，就是对生活说"是"，就是一种反抗，从而获得自由，并以激情尽可能地去生活。荒诞不是虚无，不是否定。荒诞的世界需要荒诞的激情来应对，当我们接纳荒诞的世界、肯定生活的责任，才是真正的反抗荒诞，才能够穿过荒诞的表象，进入真正存在本身，在根本层面才能看到导致荒诞的根源。

也因此，对抗荒诞的办法不是逃避，而是承担自己的命运。那些因为一些事而总给自己找借口的人，在加缪看来，实质上和"自杀"没什么区别。因此，也可以说，加缪的哲学是强者的哲学，而且每一个人只要意识到这点之后，都可以成为强者。加缪说："一个人的失败不能怪环境，要怪他自己。"

阅读加缪，可以使我们的人生更为厚重，在走向看不清的未来时，也更有底气。

日神精神与酒神精神 ◉

希腊神话中关于俄狄浦斯的故事总是让我动容。

它究竟是一个怎样的故事呢？

简而言之，底比斯城降下了一条神谕，说国王新出生的孩子以后将会杀父娶母。国王很是害怕，但一切似乎都是徒劳。最终，国王的孩子，也就是俄狄浦斯诞生了。出生没多久，婴儿就被扔了，被隔壁的国王抚养长大。

俄狄浦斯长大之后，神谕再一次出现了，说俄狄浦斯将来会杀父娶母。一直以来，俄狄浦斯都认为现在收养他的国王是自己的亲生父母，他为了避免神谕的发生，干脆就逃了。结果，命运就是如此幽默，俄狄浦斯在一条岔道上与一个马车夫发生了冲突，一时失手，他打死了马车的主人，即底比斯的国王，也就是俄狄浦斯的亲生父亲。

接下来，俄狄浦斯通过自己的勇气与聪明才智战胜了底比斯的怪物斯芬克斯，随即被推举为新的国王，原来的王后也就自然成了他的妻子。

一切，都按照神谕所预言的那般发生了。随后，底比斯降下了天灾，神说，只有找到杀害前国王的凶手，灾难才会终止。在一番调查之后，俄狄浦斯知道了事情的真相，原来自己就是杀害前国王，也就是杀死自己父亲的凶手。底比斯的灾难，也是他带来的。他没有选择逃避，也没有选择随波逐流，而是刺瞎了自己的双眼，将自己流放了。故事的情节大概就是如此。

在我看来，俄狄浦斯是一个英雄，是伟大的，因为在面对无情命运的时候，他没有逃避，而是自己去承担，自己去面对。

纵观古希腊神话，实际上大都讲述了命运的无奈，希腊神话中的神和人一样，并不是全知全能全善的。甚至，在特洛伊之战中，就连神也受到命运女神的摆布。

人在命运面前，有时渺小得像个蚂蚁，生活充满了不确定性，尤其是在古代社会。王国维将悲剧分成三类，第一类是恶人做坏事所发生的悲剧，这本身就有一种咎由自取的味道；第二类是盲目的命运决定的，类似于飞来横祸；第三类悲剧最是让人无奈，就是一个人好端端的，可能也是一个很善良的人，悲剧就这么自然而然地发生了。俄狄浦斯的悲剧算是最后一类的悲剧，请问，他究竟做错了什么？他的性格是否是造成自身悲剧的原因呢？答案是否定的。相反，当我们了解了故事的全貌后，还会对他产生一种同情。

在生活中，我们经常会遇到这样的情况，但是很多时候我们都在怨天尤人，实际上，我们若是想找，的确是能找到一些客观的理由来为自己开脱。有时候，我们可能会消极对待，说一句算了，就当自己倒霉。

然而，除了这两种办法外，还有第三种可能，即积极面对，就像俄狄浦斯一样，去承担属于自己的命运，哪怕它很荒谬，哪怕它让人感到无奈。

古希腊神话中，"日神精神"和"酒神精神"是两种同样强烈的精神。一个健全的人，或者说我认为一个健全的人，应该同时拥有唤醒两种精神的能力。

在古希腊神话中，日神指的是阿波罗，代表理性、光明、音乐，酒神指的是狄俄尼索斯，代表激情与澎湃。生活中的绝大多数情况，我们需要唤醒内心的"日神精神"，这样会使我们的工作更有效率。但是，一个只有"日神精神"的人，往往会成为我们口中的"工具人"。

无论你经历过多少，无论你年纪多大，生命，都需要激情，可以是为了一场球赛而激动得热泪盈眶，也可以是因为一场美丽邂逅而感动，抑或是，在看了俄狄浦斯之后内心汹涌而出的那股"洪荒之力"。

就像是在喝完酒之后，内心所涌现出来的那种感情，可能是感慨生活的无趣从而想做出一些改变，抑或是躺在床上，翻来覆去思念的那个人，无论如何，当我们内心涌现出这种情感的时候，请不要逃避，因为这就是你的"酒神精神"。

我们不能只有"日神精神"，内心深处，也一定要给狄俄尼索斯留一块儿地方。不过，请注意了，可千万不要让狄俄尼索斯将你变成一个酒鬼，或者借着"酒神精神"而发酒疯、逃避生活。

我们怎样超越自我？ @

古希腊哲学家苏格拉底曾言："我唯一知道的就是我一无所知。"

很多人看到这句话，会打心底里佩服苏格拉底，并且也会认为这句话很有道理。但在现实生活中，能做到且时刻有这样意识的人，微乎其微。

我们大都是自恋的，尤其是婴幼儿时期，会认为自己就是整个世界。随着慢慢地长大，我们意识到了他人的存在，同时也知道自己并不是这个世界的唯一。但这种自恋的心理并不会因此而消失，而是深埋在我们的心底。承认并意识到自己是无知的人，很少，大部分人都觉得就算自己不是全知全能，至少还是知道一些的，也不可能处于无知的状态。

一般情况下，我们是站在自己的视角看待自我、他人和世界。但是有的时候需要我们跳出自己的视角，站在第三者的角度去审视自我与外界，正所谓"当局者迷，旁观者清"，我们若是当局者，很容易就被一些表面的假象所迷惑，因此，不局限于自我世界，是很有必要的。但是这对于大部分人而言，都极为困难，因为这并不符合我们的先天认知习惯。

尼采是认识到这点的哲学家，他提出了超人理论。这里的超人显然不是电影里面的超人，无所不能，而是每一个人现在就应该要求自己去提升及超越自己的状况，作为一个人是不够的，要继续往超人的目标前进。

所谓"超越自己"，指的是超越自我的自身视角。因此，要超越自我，就必须要先放下自我。一个自我意识太强的人，不太可能会超越自我，那么他的成长基本也就停止了，往后他的人生无非就是一天又一天的复制与粘贴。

要想超越自我，首先，我们得承认自己的局限性，并有勇气去否定之前的自我。在此基础上，我们就可以重新以一种全新的视角看待自我和外界，往往也能发现之前被我们疏忽的地方。

加拿大滑铁卢大学的社会心理学家尹格尔·格罗斯曼在《欧洲心理学家》中有过几个提升智慧的方法，我觉得放在如何超越自我这个主题上，也恰如其分。比如，我们可以把发生在自己身上的事，想象成是发生在别人的身上，从而让自己站在一个旁观者的角度。或者，我们也可以将一个眼前发生的事，想象成是一年以前发生的事，制造一点时间上的距离感，不要让当下的情绪左右我们的看法。还有一个办法是把自己想象成是一个老师，然后把打交道的对方想象成是一个十二岁的孩子。这样，我们便有了耐心，可以更加客观地看待眼前的问题。

这些方法，其实都是在教我们学着跳出以自我为中心的视角，多考虑考虑别人。养成这样的习惯，我们便能不断超越自我，不断迈向新的人生旅程。

简而言之，我们要对周围的环境非常敏感，能从一个更广阔的视野看问题；我们要有灵活度，能同时考虑不同的观点；我们还要善于自我反省，承认自己的知识是有限的，其实就是一种具体问题具体分析的能力。有研究表明，这种能力对我们生活的帮助，比智商更有用，也会让我们变得越来越成熟。

我能选择什么？

每个人从出生到离开，都会经历一些事情，在人生的这段旅途中，我们也会选择一些事情。我们选择不了自己的出生，也选择不了自己的父母，更选择不了自己的死亡。

我们唯一能选择的，就是一个好的环境。

我相信，人是环境的产物，尽管我们先天的基因影响了一部分我们的性格和后天行为，但影响我们更多的却是后天的生长环境。

很多时候，我们都太过自信，认为自己就算是身处于黑暗之中，也必能不被黑暗所影响。"举世皆浊而我独清"往往只是人们的一厢情愿，真实情况是，在一个皆浊的环境下，人很难独善其身。

当然，我们得承认这个世界上有那些意志极为坚定的人，他们就算是身处于淤泥之中，也能不受到污染。但这个世界上的绝大多数人，都只是普通人，你我都是普通人。

再者，我们有什么必要去证明自己可以"出淤泥而不染"呢?

我们看到眼前有一摊淤泥，绕着走不行吗？为什么非得跳进去呢？就算是当初没有意识到这是淤泥，但是当我们发现的时候，试着走出来，不也是可以的吗？

晏子说："橘生淮南则为橘，生于淮北则为枳。"橘子可以选择环境吗？不行！它成为什么样大部分由环境决定，那么人呢？也许，人比橘子强一点儿，但大概率来讲也难逃环境的约束，爸妈、邻居都吃甜豆花，在这个环境中成长的孩子很难不喜欢甜豆花。

现在，随着科学技术的发展，离开一个环境变得比以前容易许多。一辆火车、一趟飞机就能换个环境。

而且，只有在好的环境中，我们才能活得更轻松一点儿，也能让自己的生命更精彩一些。环境对人的塑造，往往被人们所低估。所谓的环境，几乎都是由人所构成的。因此，选择什么样的环境，也就意味着我们要与什么样的人在一起。一个好的朋友带给我们的好处是无可估量的，跟这样的人在一起，我们时时刻刻会被他影响，就像在水中划船的时候，碰上了顺风的情况。我们只要稍微用一点力，就能划出比平时更远的距离。

古人很早就明白这个道理，孟子三迁的故事流传甚广，是因为孟子的母亲明白环境的重要性。试问，若是孟子从小就和一群鸡鸣狗盗、趋利避害之徒混在一起，还会有他以后的成就吗？

大概率是不会的。

古人云"近朱者赤，近墨者黑"，说的也正是这个道理。当我们与拥有某项技能的人或人群在一起的时候，我们就会不由自主地发现，感受到那项技能是很自然的，很实用的。所谓"耳濡目染"，我们总会因为周围的环境而产生自己的想法，这些想法的质量高低，取决于我们平时和什么样的人交流。

和什么样的人在一起，我们慢慢就会变成什么样的人。

为了能更好地与这些人认识和交往，首先，我们可以多报班学习，无论是线上线下，无论是我们的专业知识还是兴趣爱好，通过报班学习，我们都会认识新的比自己更强的朋友。其次，我们也可以多参加线下活动，现在每个城市都有各种各样的线下活动，读书、徒步等，这样的活动能够结识各行各业的人，其中不乏有比我们强的人。最后，我们要尝试着主动链接，现在互联网非常发达，只要我们足够用心，就可以通过各种方式链接到比自己强的人。

总的来说，努力做好自己，在力所能及的范围内尽可能给予他人帮助，那么我们的人际关系也一定不会差，我们也在为自己营造一个良好的生活环境。

在一个良好的环境中生活或学习，我们就能取得事半功倍的效果。

对自己包容，允许自己犯错 @

包容就是宽容，要接受不同的观点与意见，能够容纳进自己的认知框架中，或者，更进一步，原谅宽恕那些伤害过、谩骂过我们的人。

当然，包容并不是一件容易的事，当真的遇到了那些伤害过我们的人，如果没有触及我们的底线，要做到宽容还是相对容易一些的，但如果是触碰到我们的底线的人呢？抑或是在行为上或言语上给我们造成严重负面影响的人呢？我们还会做到包容吗？不好说吧。

因此，在面对同样一件事的时候，有的人能够做到包容，而有的人做不到，我们也不能强迫别人包容，更何况，嘴上说说容易，但真落实到行动上，大部分人还是会心有芥蒂。

以前和一位朋友聊到包容这个话题，在上面讲的两种情况下，我又突然想到了一点，实际上，我们一般理解的包容是静态的，是站在现在回望过去。比如，那些伤害过我们的人，这些伤害已经造成了，我们只不过是在事情发生之后进行一番考量。或者说，对别人的不同意见的包容，这些意见已经说出来了，我们接收到了，是对已经知道的观点进行包容，也是回望过去。

那么是否有一种站在现在展望未来的包容呢？

我想是有的，就是容许别人犯错。

这些错误，还没有发生，别人还没有犯错，但我们预先亮出了我们的态度，我们允许别人犯错。当然，这种错误也要在一定的道德和承受范围之内。

这样的包容，也意味着保持着开放的心态。父母对孩子的包容，最好也是一种站在现在展望未来的包容。有些事情，要大胆放手，让孩子去做，让孩子去体验，允许他们犯错。

市场也是如此，中国改革开放所取得的成就，是由千千万万民营企业不断尝试，在不断犯错中摸爬滚打出来的。如果一开始，就有人将边界规定得死死的，不许犯错，那么创新也就无从谈起。一个健康的市场，一个健康的社会，一定要有一定的容错率，这本质上就是包容。

当然，最重要的一点，是允许自己犯错，否则紧绷的神经容易摧毁自己。而我们很多人，似乎总是死要面子，就算真的犯错了，也不愿意承认，或者心里承认，嘴上不认。实际上，这本质上就是认为自己是一个不会犯错的圣人。

对别人，对自己，要宽容一些，容许自己犯一些错误，甚至是低级的错误。要做到这点，我们要学会翻篇，不要盯着别人或自己的错误喋喋不休。

有一次，一位朋友说了一句不合时宜的话，另一位朋友就有了意见，认为一个受过高等教育的人怎么会说出这种没智商的话。我赶紧出来打圆场，顾左右而言他，才算将那句不合时宜的话给掩盖过去了。

为什么我们不能允许别人说一句错误的话呢？可能是因为我们没有站在对方的角度，没有看到这句话背后所隐藏的其他信息，从而导致了理解偏差。

再进一步，任何人都可能会在和我们交往的过程中，说出一些在我们看来不正确的话或观点。面对这种情况，不要死缠烂打，也不要试图去纠正指责，翻篇即可。

一个健康的社会，要有一定的容错率，一个健康的人格，也要有一定的容错率。

当然，我们需要明白，包容自己，允许自己犯错，并不意味着我们可以肆意妄为。对于一个成年人来讲，任何行为都是由自己负责的。

接受自己的平凡 ⟳

有人说，一个人成熟的标志，就是认为自己不再特殊，接受自己的平凡。

在这个世界上的芸芸众生，都是普通人中的一员。一个人年轻时，总会有意气风发，觉得自己是天选之子的时候。但是随着阅历的增长，我们逐渐发现这个世界并非我们所想象的那样，甚至自己也会被小小的挫折击倒，会被困难阻挡。

有些人，总想成为圈子中的主角，认为自己比起其他人来都要特殊。然而扪心自问一下，这个世界上究竟会有多少命运垂青的天选之子，就算是有，难道我们这么确定自己就是其中之一吗？

人生在世，我们当然要努力，不能轻易向命运屈服。但是，更多的时候，生活需要我们以平常心对待，需要我们将自己当成一个平凡的人。

有些人会不甘心于平凡，实际上，平凡并不是平庸，虽然两者都有普通的意思，但后者更多表示的是一个人碌碌无为，得过且过。我们当然不想也不能成为这样的人。

我们大多数人从小就活在父母与别人的期待中，为了中考、高考拼命向前奔跑，工作后，又要竭尽全力地展现自己，获取更多的利益，认为自己无所不能，就算是遇到再大的困难，也总能克服。一些职场"精英人士"尤其如此，他们总要表现得与别人与众不同，处处都要显得比别人高人一等。

在这个世界上，也总有人将人生比喻成一场赛跑，强调人不能"输在起跑线上"。每个人都希望自己能够在人生的这场比赛中获得成功，变得卓越、优秀，所以很多人害怕平凡，尤其对于完美主义者来说，平凡也许就是他们最大的噩梦。

但是，这个世界上的大多数人都是平凡的人。即使无法实现自己的理想，我们也要学会慢慢调整自己的心态，最终接受平凡的自己。但是完美主义者对自己的高标准和高要求，让他们无法接受自己的平凡。在面对不完美时他们选择的不是泰然处之，而是患得患失，陷入对完美的执着追求。

因此，我们有必要来重新审视一下平凡，平凡就一定代表一无是处吗？

显然不是。

平凡不是失败，也不是碌碌无为，而是一种对人生更平和的追求方式。平凡并不是一无所获，我们在平凡中不断努力也可以让自己想要的东西一点点走进自己的生命里。一个人真正变得成熟是从接受自己平凡的那一刻开始，能够接受平凡并享受它，才能学会与自己的人生和解。

也许"不平凡"不是我们追求的目的，它只是人们对幸福的一种主观定义。但是幸福不只有成功这一种，拥有温馨的家庭、喜欢的工作、知心的朋友都是普通人的幸福。

即使我们一时无法转变思想，还是不甘于自己的平凡，也要学会慢慢地调整心态，换一种更为平和的追求成功的方式，也许在慢慢积累中，我们想要的成功就会一步步实现。

我们不得不承认在这个世界上大多数人都是平凡的人，成功的人不过是凤毛麟角。

我们为什么那么害怕平凡，因为有时候我们对"不平凡"的追求不仅来自内心，还来自外界的压力。社会对成功的评判裹挟着我们不停地追求卓越，但是作为平凡的一员，盲目地追求成功只会给我们带来痛苦。只有懂得放弃虚无缥缈的完美，我们才能在平凡中感受到真切的快乐。

接受生活的平淡，同时也接受自己的平凡，这样的人生也是幸福的。

幸福的人生就是现实的人生，不幸的人生是理想与现实不匹配的人生。

不是现实亏待了我们，而是我们对现实要求太高。

允许别人的看法和自己不一样 ☉

在漫长的生物演化史中，寒武纪是一个特别重要的时期，这一时期也被称为寒武纪生命大爆发时期。

在这一时期，有成千上万种新物种出现。比如著名的三叶虫，它是地球上第一种拥有眼睛的生物，它能够感知环境和处理环境信息。几乎现在所有的生物门类都诞生于这一时期，可以说，如果没有那个时期的生命大爆发，现在的地球上很可能像其他星球一样，冷冷清清。

生命大爆发带来了物种的复杂性与多样性，而正是这种多样性，生命才能在地球上开出一朵朵璀璨之花。

试想，若是当时只有一类生物，它必定早就灭绝了。

如今，我们提倡保护野生动物，本质上也是在维持物种的多样性。目前存活下来的生物，每一种都是在特定环境下有一套成功适应环境的活法。它们给我们人类提供了不同的套路与视角，我们借此也可以更好地了解自身与整个地球。

回到我们人类自身视角，我们有一种思维偏见，似乎认为只有自己是好的，是正确的，和自己不同的人都是"异端"。

若真这样的话，我们人类就失去了文化意义上的多样性，到头来只能换来一潭死水。

中国有句古话叫"三个臭皮匠顶个诸葛亮"，实际上也是在说多样性的好处。三个臭皮匠的个人能力都不高，但是因为他们有了多样性，他们表现出的群体能力，超出了他们三个人的平均能力，甚至可能比一个诸葛亮能力都高。多样性，是一种红利。

多样性红利的本质，在于每个人的视角和观点都不一样。对于视角来讲，其实每一个视角与观点都有其自身的盲点，就像盲人摸象一样，没有一个盲人可以探知到整头大象的全貌。因此，这个时候就需要与我们视角不同的人，为我们提供不同的看法，从而中和大家的观点之后，形成一个较为全面的看法。

因此，我们不必对那些与我们观点不同的人嗤之以鼻。

我们要允许别人和自己不一样，甚至还要主动去听取他们的意见。

最重要的是，我们也可以让自己与自己不一样。

没错，我们需要拥有来自不同视角的看法，这并不是让我们变成一个口是心非或人格分裂的人。在生活中，我们会发现，那些成熟的人，往往对什么事情都不抱有完全肯定的态度，而小孩子总是自信满满，只要认同了一种观点，便不再关注其他不同的观点。小孩子大脑的发育和人生阅历都还不够，这么做倒也是可以理解的。但若是一个成年人还总是这样，只站在自己的视角看问题，别人的视角对于他而言不仅不是必要的，反而是错误的，有害的，那么他必然会让自己越来越狭隘，走的路也越走越窄，从而失去未来的无限可能性。

往往，这样的人会随着年龄的增长而愈发固执，听不进任何不同的意见。这样的人，也总会给周围的亲朋好友带来麻烦。

所谓的成熟，就是承认个体之间的差异性，并给予相应的尊重。

第六章 家庭 篇

童年的创伤真的需要一生去治愈吗？

我们这一代人，在成长过程中，或多或少都会有些童年阴影。奥地利心理学家阿德勒说："幸福的童年治愈一生，不幸的童年要用一生去治愈。"似乎，不幸的童年成了我们生命的枷锁，我们为了治愈它，不得不用一生的时间。

当然，这句话也未必准确，因为童年的幸与不幸，取决于自己。

20世纪末，伴随着中国改革开放，当时的许多年轻人，尤其是我们的父母，有些从农村来到了城市打工，有些则为了家庭，整日忙于自己的工作，对自己的孩子少了关心。

随着新世纪的到来，随着人们思想观念的多元化，一些夫妻走上了离婚的道路。

我们父母这一代的人，由于时代的局限，文化程度普遍不高，并没有多少科学的教育理念，因此在对待孩子方面，多采用较为原始的手段。

正是因为这样的客观环境原因，许多在这一时期成长起来的人，童年其实并不幸福，甚至从小被迫与父母分离，被寄养在外公外婆、爷爷奶奶的家里。

我们的童年，并不总是光明的，有很多的阴影。长大之后，这些阴影也会有如影子一样，时常伴随在我们身边，摧毁我们的人际关系，撕裂我们的内心。

对于很多人而言，童年阴影仿佛是如影随形的噩梦，无论如何都无法摆脱它对自己的影响。他们陷入了自己的情绪之中，难以自拔，无法从深渊中跳出来客观地看待问题，有的只是无尽的自怨自艾。

在身边的人看来，他们的痛苦似乎是无解的。

这样的例子多了，很多人便认为童年阴影会伴随一生，是无法消解的。

可实际上，童年的阴影是可以被摆脱的，只要我们有足够的认知和勇气。童年阴影的影响并非那么根深蒂固，实际上，当我们理解了童年阴影的本质以及童年阴影影响我们的原理后，要想摆脱它的影响，其实是一件非常简单的事情。

当我们深陷泥潭时，我们越是挣扎反抗，陷得就会越深。我们需要明白，童年发生的那些事情，是客观存在的，就像一滴墨滴尽了水杯中，无论加多少水，那滴墨依然存在。因此，要摆脱童年的阴影，我们不要陷在其中挣扎，也不要刻意当它不存在。

重要的是，我们需要重新去理解它，重新去解读它。

如果我们始终认为童年阴影是一场如影随形的噩梦，那么无论如何，我们都会被其折磨。斯多亚派哲学告诉我们，控制自己能控制的，放过自己不能控制的。有些事，已经发生了，我们无法改变，我们能改变的，只有自己对待它的态度。

再者，决定现在的不是过去，而是未来。如果我们相信这一点，那么我们自然就很容易得出，能够决定过去的，是现在，而不是过去发生了什么。我们认为童年是阴影，其实并不是因为那是既定事实，而是我们对过去赋予了消极的看法，本质上是因为我们总想逃避自己的责任。虽然我们无法对过去的自己负责，但必须要对现在的自己负责。

想想看，我们躺在童年的阴影中不断哀号，不断舔舐自己的伤口，无非是想为现在的不堪找到"罪魁祸首"。我们现在的不堪，其实要怪我们的童年，要怪童年的长辈。然而，他们终究无法为我们负责，就算是现在找到了他们，亲耳听到了他们的道歉，对于我们而言也无济于事。

要认识到这一点，并不难，难的是要行动起来，要做到知行合一。我知道，刚开始行动起来会让我们感到痛苦，会让我们不适应，但我们别无选择。俗话说"种下一棵树的最好时间，一个是十年前，另一个就是现在"。现在去改变，还不算晚，因为无论我们如何选择，我们都必须面对自己的童年，是阴影还是一段往事，完全取决于我们的态度。

我们如何摆脱父母的负面影响？ ⓔ

俗话说，父母是孩子的第一任老师，然而这位老师未必称职。如果父母在成为父母前需要经历一次父母资格证的考试，我相信大部分人的分数都是不理想的，甚至是糟糕的。在养育我们的时候，哪怕他们没有饿着我们，也没有冻着我们，但由于人非完人，加上他们认知的局限，或多或少会给我们带来一些负面的影响。

对于大多数人而言，长大后的自己，也会被父母所影响着，很多时候，父母的声音也会内化在我们自己的生命之中。

我有一位朋友，他现在已经结婚生子。有一次，我去他家拜访，就在我们聊天的时候，他四岁的儿子慢悠悠地从房间里走了出来，来到我们身边。我看着这个可爱的小家伙，不知道他要做什么。他拿着一个风车，在手中比画着，结果一不小心撞到了茶几上的杯子。杯子掉落在了地上，摔碎了。

原本这只是一件小事，四岁的小孩子其实并不是有意要打碎杯子的，可我那位朋友却突然间发怒了，对着孩子吼了几句。孩子顿时哇哇大哭，被妈妈抱回了房间。

他似乎也意识到了自己有些失控，急忙向我道歉。后来我们再次见面的时候，我提到了这件事情。他说，自己也不想那样，但当时也不知道为什么会发脾气。

我理解他，其实他的内心也知道四岁的孩子并无恶意。

虽然我和他是初中同学，但我对他原先的家庭并不了解。我问起了他的小时候，他说，在他很小的时候，他的父亲就经常冲着家人发脾气。有的时候明明不是自己的错，但还是遭到了父亲的一通臭骂。他内心很委屈，但也不知该怎么说，他知道，就算他说了，换来的也不是父亲的理解，而是更加猛烈的暴风雨。

我那朋友虽然内心很不喜欢父亲的做法，但在无形中，这些影响内化在了他的生命中，并在他长大之后，不知不觉让他以同样的方式对待自己的孩子。

他其实也意识到了这点，但这些影响就像性格与习惯一样，就算他知道，但很多时候也控制不住。

我告诉他，不要着急，这种事情越急反而越做不好。他首先要做的，是正视这个现象，我并没有跟他说这是一个问题，是因为我们潜意识会觉得"问题"都是不好的。我不想让他认为这是一个需要解决的问题，不然他的内心会抵触。

那天，我看到了他的内心隐隐有种力量，是他父亲的影子。突然之间我明白了，他之所以意识到了这个现象，却难以做出改变，是因为他还活在父亲的阴影之中。他需要先在内心放下对父亲的执念。

有的时候，我们越是想着一件事，那件事就会反过来影响到我们。最好的办法，并不是不再去想它，而是在回头看的时候，不要带着情绪。

再后来，因为工作的关系，我和他也很少见面，偶尔只是微信上联系一下。我也再没问起过这件事，不过我相信，只要他放下了情绪，总会有所转变。转变，也不是一蹴而就的，需要时间，在转变的过程中，我们唯一能做的，就是保持一颗平和之心，并对自己多点儿耐心。

我知道，父母会给我们带来很多影响，其中不乏一些负面的影响。正如童年的阴影一样，有些事情已经发生了，我们改变不了什么，只能调整自己面对这些事情的态度。

我们不是任何人的奴隶，我们首先是自己。之前看了一部日剧《我被爸爸绑架了》，里面的父亲可以说非常糟糕，女儿非常担心自己以后在父母的影响下也会变成一个糟糕的大人。她抱怨父亲，将错误都归到父母的头上。父亲听完女儿的埋怨后，沉默了，之后便说了一段话："我就是糟糕的大人。但并没有谁，让我变成这样，我不认为这是别人的错，这是我自己的错。你说得没错，我是很任性，但就算我再任性，再不负责任，再一无是处，也不是你变成糟糕大人的理由，要怪就怪你自己。"

也只有我们自己，才是我们生命的主人，不是吗？

我们还在妄想改变家人吗？ ◎

这个世界上，没有完人。尽管知道了这一点，但很多人还是想试图去改变别人，尤其是改变身边亲密的人。这不仅不可能，反而会让自己更加心力交瘁。

我有一个朋友，他从大学开始就学会了抽烟。虽然他也知道抽烟不好，也曾想过要戒烟，但戒烟这事，相信很多朋友都明白，这很难靠意志力解决，吸烟是长期养成的习惯。

结婚后，他的妻子总是让他少抽一点儿，后来干脆直接强逼他戒烟。有一次，两人因为一些小事而引发了矛盾，他的妻子将这件事拿出来，说他连烟都戒不掉，还算什么男人。

结果，这句话导致两人之间的关系冷淡了很久。

后来有一次，我和朋友在外面一起吃饭，就聊到了这件事。他也知道妻子是为了他好，但他内心也有说不出来的苦。戒烟这件事对一个多年的烟民来说，并非一朝一夕就能彻底改变的。我理解他，让他回去后和妻子好好沟通一下。

朋友回去后，向妻子坦白了自己戒烟的困难，然后将自己的想法告诉了妻子。他表示，妻子让他戒烟的很多做法，让他启动了本能的防御机制，因此虽然他在理性上知道妻子是为了自己好，但身体却不由自主地排斥。

那一次的谈话很有效果，他的妻子也仿佛是明白了其中的道理，此后也不再开口让他戒烟。慢慢地，我那朋友对烟的依赖越来越少，最后竟奇迹般地戒掉了。

通过这件事我们可以发现，尽管很多时候，我们让对方改变的初衷是为了对方好，但效果往往不尽如人意，甚至还会引起更大的矛盾。

改变自己，从来不是一件容易的事，更别说要改变他人了。

父母、伴侣与孩子是我们一生中最为亲近的人，有的时候他们也知道自己的某些行为并不好，但若是有人直接说出来，让他们改变，他们会为此感到反感。因为我们生来就有对自由的渴望，不愿意成为别人的附属品或工具。

我朋友戒烟的结局算是皆大欢喜，但这毕竟是少数。大多数情况下，家人之间的交流总是以矛盾与争吵收尾。

当然，很多人也知道自己并不是完美的，自身也会有很多缺点。一个人若想改变，首先要意识到改变的重要性，而不是被别人要求，哪怕别人的要求是合理的。

不过我也相信，有的时候我们希望家人改变，是出于好心。但要想达成一件事，除了目的之外，还需要方式方法。改变也从来不是一个人的事。比如我那朋友戒烟的例子，如果他的妻子只是一味地要求他达成戒烟的目标，不仅不会起到任何效果，反而会让两人的关系越来越远。

当然，还是那句话，我那朋友的例子只是少数。在生活中，我们还是要学会尊重他人，放下"拯救"的心态，因为每个人都拥有自己的想法、态度或目标，这是他们的自由，我们不能干涉。无论对方最后变成什么样子，也都不是我们可以左右的。

最重要的是，我们能改变的只有自己的人生。当我们意识到这一点后，至少就我们的内心来讲，会获得更多的平静。

妄想改变家人，很多时候无疑是自寻烦恼。

彻底摆脱家族的"诅咒"

启蒙运动时期的思想家卢梭曾说："人，生而自由，却无往不在枷锁之中。"

这个枷锁，很多时候都来自于我们的原生家庭。

很多人的人生其实都在重复同一个模式，这个模式里包含最基础的情绪、情感以及对于人和事的选择。

小时候没有完成的事情，会成为一个人的未完成事件，进入他的人生模式里，占据他的心灵空间，消耗他的心理能量，直到这一事件被理解，或者被完成。

我有一个朋友，她的情路总是充满了坎坷。她交往的几任男朋友在大部分人眼里都是不行的。他们的共同点是喜欢喝酒，甚至有时还有暴力倾向。但我那朋友在一开始认识他们的时候，都觉得他们很有魅力。

在一起之后，我那朋友又突然觉得他们酗酒是一种毛病，需要被改变。这也就成了她与几任男朋友之间矛盾的导火索，以至于她感觉自己一直受挫。

在了解了我朋友的过往后，我发现了问题的所在。这一切都可以追溯到她童年时期与父亲的关系上。她的父亲就是一个喜欢喝酒的人，长期混在外面，不回家。小时候的她想尽力得到父亲的关注，但无论她在学校表现得多么好，成绩多么出色，都没有改变父亲爱喝酒和不顾家的行为。

这种童年时期的未完成便一直埋在了她的心底，并在她长大之后继续影响着她的择偶观，她不自觉地想找一个跟父亲一样的男性，去改变他，去完成这个内心的未完成事件。这成了她的一个执念。

我将之称为一种"诅咒"，来自原生家庭的诅咒。

实际上，人的很多心理问题都是关系问题，每个人的身上都残存着童年时期来自父亲与母亲的关系烙印。

因此，我们才会去构建特定的关系，在关系中改变对方，或者改变自己，大多数情况是企图改变对方。一旦不成功，往往就会产生恨意，产生愤怒。可殊不知，这就像那个刻舟求剑的人一样，注定会失败。如果我们的心理问题是在童年时期形成的，那我们首先应该意识到这一点，少一些对别人的幻想、指责和要求。

因此，我们需要意识到，如果长大后浑浑噩噩，我们在组建自己小家庭的时候，很大的概率会重蹈覆辙。要么就是自己也变成小时候所讨厌的那个人，要么就是在寻找伴侣的时候带着某种特质倾向，找一个和自己父母相似的伴侣，而后重新回到那个框架之中。这样的结果往往很糟糕，我们不仅没有在新的关系中得到任何慰藉，反而会感觉疲惫不堪，甚至伤痕累累。

当然，人是具有主观能动性的，只要我们认识到了问题，便能做出改变。首先，我们需要敞开自己的内心，去接触那些我们之前不愿意去接触的人，去接纳更多的关系模式。

这很难，而且有的时候并不顺利，我们可能还会遭遇许多次失败。但请不要惧怕失败，失败也是一种经验。在失败中，我们才能有所成长，才能不断发现新的问题，并不断调整自己的心理。

我们要明白，要想摆脱这种诅咒，只能靠我们自己。只有自己才能为自己的人生负责。

我们要原谅父母吗？ ◎

也许，我们在原生家庭中遭到了伤害，无论是父母的有心还是无心，他们在童年时期对待我们的方式，可能会伴随我们很长一段时间，且在我们长大后依然会折磨我们，让我们感到痛苦。

有的时候，我们会问自己，我们要原谅父母吗？

其实，无论原不原谅，都是自己的事，我们可以原谅，也可以不原谅。最重要的是，要放下这段过往，不要让它再来重新影响和伤害到我们。

无论如何，与父母和解都不是最终目的，我们的最终目的是与自己和解，让自己开心起来。

　　之前在网上遇到过一个朋友，她的经历让我每一次想起来都痛心不已。她从小母亲去世，由父亲带大，但是她的父亲脾气很不好，经常打骂她。如果只是一般的管教，可能我们也都经历过，但她的父亲脾气上来的时候极为恐怖，有一次，甚至拿菜刀砍到了她的腿。肢体上的暴力更是家常便饭，动不动就会被父亲扇耳光或脚踢。

　　她出生在农村，村里人仿佛对她父亲的做法已经习以为常，他们秉持着老一辈落后的教育理念，认为打孩子是为了孩子好，殊不知她的父亲很可能会失手杀掉她。在她初中的时候，她实在是忍无可忍，逃离了家，投奔了城里的亲戚。后来，她再也没有回过那个家，一提起父亲，全是仇恨，没有半点儿温情。尽管很多亲戚以"站着说话不腰疼"的姿态，劝她原谅父亲之前的所作所为。但她实在是做不到，一想起童年时期的事就感到恐惧，浑身瑟瑟发抖。

　　但是，社会的观念和周围的亲戚一直在试图对她施加影响，似乎如果不原谅父亲，她就是一个不孝女。我十分理解她，同时也在想，那些社会的规范，那些老一辈的观念，一直劝她与父亲和解，难道不是对她的二次伤害吗？

　　等到她冷静下来后，她问我："我是不是真的要原谅那个不是人的父亲？"

　　我跟她说："无论你选择原谅还是不原谅，我都支持你。但我希望，你最先要做的，是原谅自己，与自己先和解。我不想看到你今后的人生被童年的这些破烂事折磨，你该有你自己的人生。"

　　她的经历实在是让人听着揪心，那已经不是一般的父母与子女之间的正常矛盾，甚至上升到了虐待的程度。我后来又跟她说：

"很多时候，我们都需要与父母和解，在长大后去理解他们，去包容他们。但是，自从听了你的故事，我不敢说这些话，因为我觉得我没有资格让你原谅或不原谅你的父亲。有的时候，不原谅也可以，只要自己心里不再受其折磨，就好。"

一般而言，我们与父母的矛盾要比上面这个例子要轻得多。绝大多数情况下，父母让我们感到痛苦只是因为语言上的暴力，或彼此的不理解。很多时候，我们只要再经历一些、再长大一些，要做到原谅父母也并不是一件难事。

我想，我可以说几句话来打开一般人的心结。我们的父母会越来越老，越来越弱，无论他们之前做过什么，说过什么，原谅与否全在自己的慈悲。哪怕是虐待和折磨，原不原谅也取决于自己。

在这个世界上，没有人能够逼迫我们做什么。我希望，就算是原谅了父母的那些人，也是因为出于自己的内心，而不是别人的要求或自己的不得已。

总之，记住一点，原谅父母不是目的，而是让我们的内心更自由、更豁达。

就算无法与父母达成和解，也要与自己的内心达成和解。

如何粉碎父母朋友圈中的谣言？ @

现在是互联网时代，为了与远方的孩子取得联系，家里的许多老人都配备了智能手机。他们注册了微信，学习了一般的手机使用知识。同时，随着家中老人用手机的频繁，他们被一些营销号或谣言洗脑了，做子女的怎么劝都劝不听。

我身边就有很多这样的朋友，他们总是跟我抱怨，一些非常容易识别的谣言，父母竟然完全相信了。一旦他们跟父母解释这些文章背后的漏洞，父母总是固执地认为，你不懂，别瞎说。

关于这样的事，相信大家在生活中已经见怪不怪了，也有些父母会相信一些上门推销人员，将平时省吃俭用攒出来的钱，购买他们推销的保健品。朋友们总是跟我说，钱都是小事，没有了就没有了，问题是万一吃坏了身体就摊上大事了。可无论他们怎么劝，父母就是不听。

我们这一代人大都受过系统的学校教育，在知识的掌握程度上会比父母一代的人好上许多。之所以会有大量谣言在传播，我想，是因为造谣很容易，有一张嘴就够了，但辟谣却要跑断腿，需要拿出许多的证据来反驳谣言。

这对于一般人而言极其不易，我深深理解这一点。我家中有老人相信微波炉会致癌，其实稍微有点儿现代科学常识都能知道这是谣言。但如何要给一个相信这类谣言的人做解释，就很难了。需要对物理学上的电与光进行一定的了解，了解光本身就是一种辐射。因此，辐射并没有什么了不起的，太阳光也是一种辐射。我们没必要谈"辐射"而色变，我们所要担心的就是那些会给人体造成伤害的电离辐射，而微波炉中电磁波的波长太短，不会对我们的身体造成任何伤害。

当时就算我解释了，家中的老人依旧不信我。我暗暗苦笑，因为我的解释对于任何一个人来说都太烦琐，而一句"微波炉会致癌"则简简单单，很容易被人理解。

好在，就算家中的老人相信了这点，对他们的生活也没有实质性的影响。大不了他们以后不用微波炉就是了。

但是，很多谣言却会给人带来无法估量的负面影响，尤其是让人购买那些三无保健品的信息。

首先，我们要明白，如果只是单纯地给父母讲道理，他们是听不进去的。这个时候，我们就需要挖掘他们背后的心理。其实很多家长只是希望孩子能多陪陪自己，他们需要关心，而很多子女由于工作原因，并不能每天都回家陪伴父母，甚至与父母不在同一个城市。

这个时候，一些保健品的营销人员就盯上了这些老人，他们代替了子女本该承担的角色，对老人嘘寒问暖。老人的心很容易就被这些人打动，从而相信了他们的话。

因此，要解决这个问题，就需要从源头入手。问一下自己，我们平时是否对父母的关心太少了。而且很多人虽然不会真的瞧不起父母，但他们却有意无意在父母面前表现优越感，觉得自己是读过书的，因此在给父母解释的时候，总是说一些父母听不懂的专业术语，而且缺乏耐心，在稍稍解释了一番后就说父母"笨"，"怎么这种话都要信"。

想想，当年我们的父母有没有这样对待过我们，我们长大后是否给予父母足够的耐心？

因此，我们首先要做的就是杜绝这种心理，在面对父母的时候，多一点儿耐心，节假日多给予他们陪伴。虽然这么做并不能完全杜绝谣言的存在，但在防范父母上当受骗方面起到了一定的积极作用。

要相信，耐心与真诚永远是谣言的粉碎机。

如何正确地夸赞鼓励孩子？ @

心理学界有个罗森塔尔效应，也被称为皮格马利翁效应。

皮格马利翁这个名字来源于希腊神话，话说有一个雕塑家叫皮格马利翁，他爱上了自己创作的女性雕像，将雕塑当成真人一样对待。结果，有一天，女性雕塑竟然变成了一个真人，成了皮格马利翁的伴侣。

20世纪60年代，罗伯特·罗森塔尔和另一位心理学家莱诺·雅各布森在加州的一个学校做了一项研究，最后得出结论：如果教师期待学生的表现变好，学生的表现就会变好。

这个现象类似于"自我实现的预言"，自从罗森塔尔得出这个结论后，教育界便一直在实践中运用。然而，罗森塔尔效应似乎并不总是成立的，因为对于孩子来讲，光有期待是不行的，还需要鼓励他们。

随着社会的发展，越来越多的年轻父母摒弃了传统的教育方式，从欧美学习到了很多新的理论，开始夸奖孩子，鼓励孩子。但很多时候，父母只是学到了皮毛，只是学到了一些表面功夫，如果只是一味地夸奖和鼓励孩子，不仅不能让孩子树立正确且积极的自信，反而会助长他们的自我膨胀。从此，他们从不自信转变为自恋了。

我经常看到有些父母，想要用夸奖的方法来养育孩子，但是他们用了非常夸张的方式来夸赞孩子，无论孩子做什么事，哪怕只是一件很平常的小事，都会夸上一通。在我看来，这是一种极其不负责任和偷懒的育儿方式。

如何夸赞和鼓励孩子，其实也是一门父母需要掌握的学问。

简单来讲，我们在夸赞和鼓励孩子的时候，要将重点放到过程上，而不是结果上。

举个例子，比如这次考试孩子考得很好，考了班级第一。这当然是一件喜事，值得鼓励与表扬。但是父母往往只会对着孩子说"你真聪明！你真棒！"之类的话，反而会让孩子觉得，自己好像真的很聪明，很厉害。长此以往，会让他们觉得就算不努力也没关系，因为自己本身就聪明。

下次碰到这种事的时候，我们不妨将夸赞和鼓励的重点放在他的行动上，比如"你真是一个努力的孩子，这次能取得这么优异的成绩，一定和你的努力分不开，你可真棒。"

这样夸赞，会让孩子明白努力的重要性，且在今后的岁月中，努力攀登更高的山峰。

这一点已经得到了心理学家的证实，斯坦福大学的研究人员曾对一群孩子做过实验。

第一轮实验，让一群孩子做一个简单的拼图游戏，大家都轻松完成了，研究者对一半的孩子说："拼图做得真棒，你真聪明！"对另一半孩子说："你一定是很努力才做得这么棒！"

然后做第二轮实验，让孩子自由选择拼图的难度，结果被夸

"努力"的孩子，大多选了难度更大的任务；被夸"聪明"的孩子，却选了简单的任务。

第三轮实验，研究者给了一个孩子们完成不了的挑战，被夸"努力"的孩子屡败屡战，非常投入；被夸"聪明"的孩子遇到困难就很沮丧，容易放弃。

所以你看，夸"努力"，关注点在过程，可以引导孩子走上不断进取的道路；夸"聪明"，关注点在结果，等于是把孩子留在了捍卫成果的自保之路上。

如何与叛逆期的孩子相处？

孩子成长到一定阶段，就会变得非常叛逆，有的时候甚至不听父母的话，公然反抗父母。如果父母在这个时候不懂得如何对待，那么父母与孩子之间的关系便会进入长时期的斗争状态，不仅父母被搞得身心疲惫，孩子也会缺失应有的引导，从而变得越来越叛逆，甚至给自己带来麻烦。

我们应该正确看待孩子的叛逆期，所谓的叛逆期，实际上是孩子成长的爆发期。他的身体、心灵与大脑在这个时期进入了高速发展期，但三者成长的速度却不一样。这个时期，孩子逐渐形成较为强烈的自我意识。他们开始思考一些问题，尽管思考的过程在有些大人看来很幼稚，也不着边际，但这是他们第一次用自己的方式试图探索世界。

"我是谁""人生的意义是什么""学习的意义是什么"，诸如此类的问题会在这一时期占据孩子的大脑，并不断困扰他们，引起他们心理和情绪上的波动。

这个时期，孩子的情绪波动会比较大，有的时候，他们对自己的未来充满了自信，有的时候，又会感觉无比沮丧。虽然身体的发育让他们有了"成人感"，但是大脑和心理的发育往往是滞后的，导致孩子难以理性面对身心的变化，面对莫名的情绪波动，缺少有效的自我疏导。

很多父母并不清楚青春期孩子的心理发展特点，对孩子也缺乏足够的了解，常常觉得孩子不听话、不懂事，甚至不顾孩子的感受，一味地要求孩子努力学习。他们与孩子之间缺乏有效沟通，不能及时帮助孩子疏导情绪，从而导致孩子出现心理问题。

因此，这个时候，父母需要做的，不是一味地以居高临下的态度训诫孩子，而是以一种平等的身份、以朋友的身份陪伴在他们身旁，可以尝试跟他们探讨感到困惑的事情。这个时候，父母要站在孩子的视角，无论孩子给出了怎样的回答，父母都不要先入为主地给予评价，而是不断引导他们进行正向的思考与探索。永远相信一点，思考的过程远比结果更重要。当然，在这之前，父母需要与孩子建立足够的信任感。孩子只有打心底信任父母，才会跟他们讲述自己真实的想法。

处于叛逆期的孩子，有时会毫无征兆地发脾气，这个时候，父母往往会觉得孩子在无理取闹，甚至以强硬的手段命令孩子安静下来。

首先，我们要想一下，无论是谁，都会有脾气。

再者，孩子之所以发脾气，无非是两个原因，一个是故意为之，这么做的目的是引起旁人的注意，尤其是父母的注意。可能是平时父母疏忽了对自己的关心，抑或是自己有事想跟父母讲，但不知怎么开口，于是通过发脾气的方式让父母主动询问自己。另一个原因则是被激怒了，这是人的正常反应，他们需要用强烈的愤怒情绪来表达自己。

我们知道，孩子大脑与心灵的发展滞后于身体，他们之所以发脾气，主要还是因为他们解决问题的能力并不足够，沟通的能力也不强。这个时候，父母需要做的是从认知、情绪管理和行为三个层面引导孩子。

父母要认识到叛逆期的本质，正确引导孩子合理释放和表达自己的情绪，让孩子意识到自身的存在与价值。在这个过程中，耐心是必不可少的。

还有一点需要注意，父母不要无原则地迁就和宠溺孩子，这非常不利于他们的成长。

一直以来，父母最怕的就是碰上叛逆期的孩子，实际上，叛逆期是人生的必经之路，我们应该为此而感到高兴，因为孩子终于长大了，终于有自己的想法了。叛逆期是孩子成长的关键期，如果这个时候父母能够以正确的手段引导他们，他们今后的人生路便会顺畅许多，反之，则会给他们造成难以磨灭的心理创伤，严重的话还会导致心理问题。

所以，无论是孩子还是父母，这条路都任重而道远。

父母给予孩子最大的恶是什么？ @

启蒙运动时期的英国经验主义哲学家洛克认为，人出生的时候就是一张白纸，人的性格与习惯都是通过社会习俗等后天环境培育的。

当然，其中最重要的就是父母，父母是孩子的第一位老师，也是影响力最大的老师。父母在培养孩子的时候，不仅要提供物质上的保障，对他们进行道德与精神上的教养也是必不可少的。

很多父母在如何教育孩子上会犯一些错误，比如，会培养出一个任性的孩子，很多"熊孩子"便是父母对其放任的结果。

在洛克看来，任性是孩子在心智方面最容易陷入的恶，他说："被溺爱的孩子必定学会打人、骂人，哭着要什么就一定要得到，喜欢做什么就做什么。"

所谓任性，是人的欲望被放大之后且不懂得合理控制的产物。

如果家长不懂得科学的教育方式，一味地顺从孩子，他要什么就给什么，他想怎么来就怎么来，结果只会让孩子的任性变得更加严重，因为如果"一想要"就能满足，只会使他滋生另一种欲望。要想"事成"只需"心想"，请问，人还有什么理由去奋斗呢？

如果孩子小时候就任性，那么他大了之后也会同样任性，因为任性的逻辑在什么年纪都是一样的，"如果幼童心里想要葡萄或糖果就一定能得到，那么等他长大了，欲望会把他引向酒精。"

洛克看到，这样靠不断满足"惯出来"的人只是空虚、肤浅和不确定，他得到的越多，反而剩下的就越少。这样的人，只剩下抽象而无内容的好恶、欲望和意志。他总是不断寻找满足，却又永远无法满足，他总是什么都想要，却不清楚自己究竟要什么。

人越空虚浅薄，就越发渴望支配和占有。他越无法把握自己，就越想要抓住自己之外的人或物。

所以，我们需要注意，千万不要把自己的孩子惯成"熊孩子"，这不仅有害于孩子，还是对自己的伤害。

要让孩子克服自身欲望和意志膨胀的倾向，首要的就是养成悬置欲望的习惯。在这一点上，洛克作为经验主义者，很看重风俗和习惯的力量。他说："永远不要让幼童得到他索求的东西，他哭着想要的话更是不能给，甚至他只是说说想要的东西也是一样。孩子如果习惯了欲望常常得不到满足，自然就会克制自己的妄想，不再不断产生欲望。"

当然，有一点也需要引起家长的注意，很多时候，孩子的不良行为习惯正是家长从外面带回来的。因此，父母需要以身作则，这样在培养孩子的时候就会更顺利一些。因为孩子总会将父母当成第一模仿的对象。

我们知道，孩子的喜好和兴趣非常不稳定，往往缺乏常性，什么都想尝试一下，做事情也经常是三分钟热度。在这一点上，我们父母唯一能做的，就是利用孩子的兴趣，让他们去做一些该做的事。一方面，我们要懂得抓住兴趣的时机，在孩子产生兴趣、有做事的欲望的时候就让他们去做，另一方面，也要避免强硬的命令，别让他们觉得那些事情是强加在自己身上的任务。

要记住，唯有自由才能让孩子体会到日常游戏的真正滋味。

简而言之，我们要让孩子免于无休止的欲望和自我膨胀，我们所要教会孩子的，是克制自己的欲望，以及让他们学会爱。当然，教别人爱，首先自己得会爱。

第七章 伴侣 篇

要找什么样的伴侣？ ↻

人生中有很多课题，选择伴侣便是其中最为重要的事之一。

有人说，找到好的另一半，对自己今后的人生与家庭都大有帮助。

也有人说，好的伴侣就像春天里的雨水，可以滋养你的生命，不好的伴侣就像夏日里的烈阳，会不断消耗你的情感。因此，在寻找伴侣的时候，千万不要抱着无所谓的态度，因为找错人的风险，很多时候我们难以承担。

很多人也会有疑惑，究竟要找什么样的伴侣？

有的时候，我们会将关注的点局限在对方的外在条件上，比如对方是否足够帅气或漂亮，是否有强大的经济实力，抑或是对方的身高与体重是否和谐。有的时候，我们又会关注对方的内在，比如对方与自己是否合得来，对方成长的原生家庭如何，对方的三观如何，等等。

这些当然都是我们需要考虑的，但除此之外，我们更应该考虑对方的性格和人品，傅雷先生在《傅雷家书》中有这样一段话，我觉得挺有道理的，可以作为一条普适性的准则，他说："我觉得最主要的还是本质的善良，天性的温厚，开阔的胸襟。有了这三样，其他都可以逐渐培养，而且有了这三样，将来即使遇到大大小小的风波也不致变成悲剧。"

我们要知道，感情之路就像人生路，并非总是一帆风顺的。随着交往的深入，时间的流逝，就算是当初再怎么好的两个人，都会有矛盾爆发的时候。这个时候，他的外在将变得不重要，重要的是他的思维和性格，是否能够接纳不同的观点，是否能够控制住自己的情绪，是否可以以一种和平的方式解决问题。

其中有一点很重要，就是情绪的稳定。我们知道，每个人都会有情绪，我们也不可能奢求一个人无论怎样都不能有情绪，都不能表达自己的情绪。我们所要看的，是他的情绪是否可预期。不怕一个人暴跳如雷，怕的是不知道他什么时候为了什么而暴跳，也不知道有什么办法可以让他消停。这样的人才是可怕的，碰到这样的人，我们最好远离。

其次，我们还要看对方是否是一个成长型思维的人。

无论时代如何发展，找伴侣是一件人生大事，这里的伴侣当然是指想和对方步入婚姻，共同生活的对象，而不是年轻时恋爱的对象。

我们要知道，其实这个世界上最难相处的是自己，而且没有一个人是稳定不变的。我们每个人都在成长，都在变化，都在不断向前走，如果我们找的伴侣是一个固定型思维的人，首先我们和他们相处起来就会很累，因为任何东西在他那里都有一个固定的看法。再者，若干年后，他还是不会有什么变化。我们要理解人的审美疲劳，如果长期跟这样的人相处，我们的情绪也会变得越来越差，甚至走到分手或离婚的边缘。

我们已经逐渐脱离了那个男女在一起只是为了繁衍后代的阶段，因此，我们找伴侣，很多时候不是找一个性伴侣，而是一个可以一起走下去的人。彼此是对方的精神寄托，在这样的环境下，我们的人生才会更顺利，对于孩子的教育也有着举足轻重的作用。

最重要的是，当我们在人生的某个地方迷路了，感到孤独无助了，可以有一双手，给予我们温暖，给予我们安慰。这样的伴侣，才是我们此生追求的对象。

当然，在这之前，如果我们没有意见，也不要着急，我们可以在单身的时候不断提升自己的能力。我们不能封闭自己，要想找到好的伴侣，不能等着天上掉馅饼，而是要多走出去，多和其他人接触，这样，我们遇上好伴侣的可能性会更大一些。

找对的人还是对的关系？ ◉

寻找到好的伴侣只是第一步，因为接下来的相处过程才是决定亲密关系能否长久的决定性因素。

请尝试着想象一下，一段美好的感情是什么样的？你脑海里会浮现出什么样的画面？甜蜜、幸福、真心相爱、理解尊重……如果有着这样的想象，你的感情未必会顺利，因为你会失望。完美的爱情不只是一种状态，更是一个过程。就好比一部电影的优劣，不能用其中某一帧画面来评判一样。

生命是有限的，人生是一个不断成熟的过程，我们会有很多弱点与缺点，完美的感情可能并不存在，或者说，那些让很多人羡慕的感情，其实都开始于不完美。

站在利己的角度看，我们或许都会期待一个能无条件为自己付出、不计回报的伴侣。可是这样的关系并不可靠，即使真的存在这样的伴侣，这种被纵容和宠溺的感情也会阻碍两个人的成长。另一方面，不完美的你面对一个完美的伴侣，反而会对关系缺乏掌控感和安全感。

一般而言，亲密关系存在多个阶段，并不是一成不变的，我们应该为此而感到喜悦，因为如果亲密关系永远保持一个样子，岂不令人厌烦？

亲密关系是一个动态的过程，而不是静态的。甚至，当我们看这个世界的万事万物的时候，都应该有一种动态的视角。

实际上，在亲密关系中，重要的不是"我"或"你"，而是"我们"之间的"关系"。这句话怎么理解呢？

举个例子，比如我喜欢你，如果仅仅只是因为你长得漂亮，或者你的经济实力很强，那这种喜欢未免流于表面，是静态的喜欢。不否认，这个世界上有些婚姻或感情就是建立在这样的基础之上，也许，这样的喜欢也是一种喜欢。那我们再看一下另一种喜欢，即我喜欢你，是喜欢和你在一起的这种感觉，我们在很多方面都相似，你生气了，我大概能知道是哪些原因让你生气了，我理解你的感受、你的情绪，就像理解我自己一样。在这样的喜欢中，我所享受的是我们之间的关系，这种关系是罕见的，是独一无二的，如果换了另一个人，那么这种关系就会变味，变得不一样。

是我们之间的"关系"决定了我们感情的质量，如果两个人的外在条件和内在条件都很好，且都符合对方的择偶标准，但他们在一起之后每天都有矛盾与争吵，对话总是鸡同鸭讲，那么他们之间的"关系"就变了味道，这样的感情也难以维持太久。

因此，我们如果想建立一种长期且健康的亲密关系，应该将更多的精力用于"关系"。

很多男性朋友会很不理解女性嘴里的"感觉"是什么意思，其实它就是一种"和你待在一起时的感受"，是我们两个人之间的"关系"。

武志红曾说，爱，就是看见。我爱你，是因为我看见了你。不只是看见了肉身的你，还看见了你的焦虑、你的情绪、你的不安，看见了我们之间的关系。

如果你和一个人待在一起很舒服，这很有可能是对方在套路你，在向下兼容你。但如果你和一个人待在一起总是不舒服，甚至对话都是鸡同鸭讲，那你们大概率来讲是不合适的。以后就算勉强在一起了，矛盾也会有很多。这就是"感觉"。

是要相似还是要互补？ @

很多人都会疑惑，找伴侣究竟是要找性格和自己相似的，还是互补的？

在这个问题上，其实我们都有误解，认为两个人要完全兼容，各方面相似的才是最佳伴侣。最好，要有共同的习惯、喜好，甚至三观。但是请注意，有研究显示，这些都不重要，重要的其实是你们在一起时的感觉。或许你们都喜欢哲学，但在谈到亚里士多德的时候，经常吵架，或许你们都喜欢爬山，但是在爬山的过程中，都无言以对，甚至感觉很累，那么你们是否拥有相同的兴趣就已经不是那么重要了。

这并不是说你们不能有相似的习惯和爱好，最主要的是，世界上没有两片相同的树叶，你们可以有很多不相似之处。但有一些相同之处很重要，这就是你们的感觉。你们对愤怒、悲伤、恐惧和喜悦的感受相同吗？你们如何表达亲密与爱？如果你们的感觉不同，那么这会给你们带来许多麻烦，你们需要花更多的努力才能维护好这段关系。

网上一直流传着一句话，所谓的三观不合，并不是你喜欢吃米饭而我喜欢吃面条，而是你喜欢吃米饭，便认为整天吃面条的人不可理喻。

比如，假设我喜欢历史，对方也喜欢，但是我讲了一个自认为很有意思的历史故事后，对方冷冷地转过头看着我，什么反应都没有，这种感觉很糟糕。假如对方不喜欢历史，但是当我讲到一些有意思的事情后，对方也能感受到我的情绪，觉得很有意思，那这种感觉就对了，很棒。

据一项研究表明，婚姻及与此相伴的承诺可以增加一个男性8年的寿命，对于一个人来说，有质量的承诺和亲密关系是健康长寿的关键。

再者，两个人的性格也未必完全一样，可能是相似的，也可能是互补的，但这些也都不重要，重要的是理解。

比如，有的人大大咧咧，说话心直口快，但有的人沉默寡言，总是想好了再说。这两个人在一起，有可能矛盾不断，最终导致散伙，但也有可能心照不宣，相处愉快。重点在于他们是否能够理解对方，是否能够体谅对方。

男人与女人的思维也是不一样的，因此，同样的性格，在不同性别的人身上，其背后的逻辑也是不一样的。无论怎样，伴侣之间的相互理解是基石，如果没有这个基石，就算是再怎么相似的伴侣，最终也会在相互的埋怨中走向终结。

爱情的三个阶段 ⟳

一般来讲，爱情有三个阶段。也许你们一见钟情，相互爱上了彼此，也许你们日久生情，双双坠入了爱河。这都不要紧，爱情的第一阶段往往是美好的，是"情人眼里出西施"，这段时期被称为"迷恋期"。

这也是通俗意义上的热恋期，但是这并不长久，当你和你的伴侣都处于互相迷恋的时期，这种感觉真是棒极了。但是，早晚有一天你们会冷静下来，因为催产素会减弱你的恐惧反应，就像是蒙住了你的双眼。此时此刻，如果有人突然跟你说一句伴侣的不好，尽管他说的可能是事实，你也很想揍他一顿对不对？

如果没有过这种迷恋期的朋友，也请不要难过，因为这对于一段长久的感情来讲，是一个既非充分又非必要条件。

在爱情的第二阶段，你开始从激素驱动的爱情狂喜中冷静下来，心中也会逐渐产生疑惑，比如他是不是我的唯一，我是否能和他共度此生呢，他是否值得我信任，等等。所有的疑惑在这个时候会突然冒出来，甚至你都不知道从什么时候开始，你发现自己的伴侣身上有了一些你所不喜欢的品质或行为，开始嫌弃他，甚至怀疑自己当初是不是瞎了眼才看上他。

很多恋情也就在这段时期中止了，在迷恋期，我们往往会被冲昏头脑，甚至闪婚，这种情况是有巨大风险的。但并不是说无可救药，因为在第二阶段最重要的工作是建立信任。这就好比两个人到了一个陌生的地方，在新鲜感过了之后，需要为自己和伴侣建立一道厚厚的城墙，以抵御之后面临的风险。

所以，当你看着对方越来越受挫的时候，请冷静下来，你需要和对方好好沟通沟通，需要建立信任。这是非常重要的，而且也是相互的。相信我，如果对方也想和你建立长期的稳定关系，对方也渴望与你沟通，而不是冷漠。如果对方对你冷漠，可能是他性格问题，也有可能对方并没有和你长期交往的打算，这个时候，要么就调整自己的策略，要么就……我实在不好意思说放弃，因为每一段感情都来之不易，希望度过热恋期的朋友不要轻易说放弃。

爱情的第三个阶段，是建立忠诚，这个时候，你需要做出承诺。你已经确定了对方就是你想要的那个人，这真的很不容易，也很棒，如果这个时候你想和对方走到最后，你真应该为自己喝彩，因为这个决定非常了不起。但同样的，这也意味着你会变得脆弱，并容易受到伤害。只有你在意的人才会伤害到你，你不必为此感到难为情，以及没面子。你得承认这点，这才是一个了不起的男人或女人。

跟建立信任一样，承诺也是双向的，你们彼此承诺：对方就是自己的唯一。要走过这三个阶段，的确不容易，很多人会选择在中途放弃，甚至在迷恋期刚一过就放手，试图去寻找新的一段迷恋期。的确，迷恋期让人愉悦，因为每一段迷恋期都会促使人生成催产素等让人感到愉悦的东西。但如果因为享受这种快感而不断地与不同的人停留在第一阶段，得不偿失。

当然，在以后的日子里，你们还需要不断地重复第二阶段和第三阶段，增强彼此之间的信任和忠诚。或许，一起去陌生的地方旅行，还会唤醒第一阶段的迷恋期呢。

尽管要经过三个阶段实属不易，但相信我，只有你和对方都经历了，你们在以后长期的相处中才会有更多的喜悦。因为经过了完整三阶段的伴侣，常常会觉得自己的伴侣关系具有某种特殊的含义，你们共同创造了超越自我的某些事情。从相识、相知到相爱，你们在一起会非常安心，并且能够吐露心声。换句话讲，你们创造了生命的共同意义。

稳定爱情铁三角 ⊙

美国心理学家斯滕伯格曾提出了一个"爱情三角理论"，它们是激情、亲密和承诺。这三者的比例或多或少，总共可以分为七种感情。

激情，也就是性的吸引。毋庸置疑，在感情中，性是怎么都逃不掉的一个因素，而且很多时候都是第一因素，所谓的"一见钟情"，其实钟情的是对方的"颜值"。在一开始我们对彼此都不了解的情况下，性吸引占据着主导因素，它决定了我们要不要和眼前的这个人进行深一步交流。

亲密，指的是两个人在一起时的感受很舒适，说白了就是很想见到对方，想和对方在一起"亲亲抱抱举高高"。

承诺可以分为短期承诺和长期承诺，短期承诺指的是要不要和对方谈恋爱，或爱对方。由于爱情是排他的，所以只要做出这份承诺，就意味着你放弃了和其他异性深度交流的可能。长期承诺指的是做出维护这一爱情关系的承诺，包括对爱情的忠诚、责任心。

完美的爱情当然是三者比例都适中，有激情，有亲密，也有承诺。但这种爱情往往是人间稀缺品，存在的比例很低。但是，一个健康稳定的关系恰恰离不开这三个因素。几何学中，三个不在同一条直线上的点可以构成一个平面，在爱情中，这三个因素本身就不在同一条直线上，所以由它们构建起来的关系，更持久也更稳定，如果哪一方面严重缺损，可能就会导致二维平面直接崩坏。

很多人觉得，在三者当中，激情最容易，因为性是人的本能，基本不用怎么教就会有这样的冲动。

再来说说亲密，有些人觉得夫妻之间相敬如宾是最好的状态，其实恰恰相反，相敬如宾只能是意外的产物，也就是说是感情中的非常态，决不能让这种状态成为常态，否则就成为了干巴巴的泥潭。

良好的感情关系正如一条流水，而彼此就像水中的鱼，相偎相依，结伴而行。

一段感情并不是静态的，而是动态的，让感情处于动态过程的，正是亲密。

亲密也意味着对方被你信任，在彼此都互相信任的状态下，才可能让感情不断向前发展，有话也会想和对方说，而不是闷在心里。

如何表达自己的情感？ ⓖ

在亲密关系中，恰当地表达自己的情感与情绪非常重要。在这一点上，东方人的文化习性是保守的。

从心理动力学的角度来看，早期和父母的关系如果存在问题，会影响一个人内在的生理结构，在潜意识中留下冲突的记忆。为了减少内在冲突带来的焦虑，他可能发展出各种形式的防御机制来扭曲或者否认现实，包括对自己情绪体验的疏离、压抑、投射或者其他不恰当处理。这些不健康的防御机制，会导致亲密关系中的真实情绪难以适时自然地表露。

沟通的关键在于彼此双方的情感交流，因此，若是一方有意无意地隐藏自己的真实情感，那么沟通就很难达到效果。

有这么一个例子，翠花的丈夫大柱子是一位有爱心的男士，但他对拒绝特别敏感。任何人对他说"不"，他都以为是拒绝。当他们刚在一起的时候，翠花就被吓到了，她总是尽力安抚他，小心翼翼地对待他。一般人碰到这种情况，可能也就分手了。

可是翠花觉得这不是什么原则性问题，随着她不断地研究，她变得成熟了，也变得越来越坚强。同时，她也看到了大柱子的脆弱，理解了他的恐惧和自动防卫。

大柱子对"拒绝"如此敏感，是因为过去的经历，他从小的时候就一直被父母拒绝，以至于在他长大成人后，对拒绝非常敏感。翠花意识到这点之后，觉得如果自己说话小心点儿，就可以帮到他。

以前，翠花批评大柱子邋遢时，总使用带有谴责的"你"字句，比如，"你总是搞得一塌糊涂却从不清理"，而大柱子听到这话后，就下意识启动了自我防护机制，变得火冒三丈。现在，翠花换了一种说法，她说："你把家搞得这么乱，我感到很受伤，因为这让我觉得我对你并不重要。"听到这样的话后，大柱子不会觉得被人斥责，反而还会觉得自己真的做错了。在这样的环境下，人的行为也更容易改变。

时间长了之后，大柱子内心的恐惧也被消除了，两人的关系也得到了进一步的提升。

看吧，同样是一件事，用不同的说法说出来，给人的感觉是不一样的。一个成熟的人，说话应该考虑对方的处境与心理。

在《非暴力沟通》这本书中，作者指出，与人沟通的时候，有一个法门可以迅速习得，而后多加练习，时间长了，你也就是一个会说话的人了。很简单，我们只要分清"事实"与"判断"就好，在与人沟通的时候，多说"陈述性的事实"而非"主观上的判断"。

比如，我感觉今天好热，这是主观判断，因为不同的人对冷热的观感是不同的，你觉得热，没准有人还觉得冷呢。而"今天室外温度平均30℃"，这才是一句陈述性的事实。

主观性的判断会激起对方的防御机制，哪怕你说的是对的，也会如此。

再比如，当我们想让伴侣改变一下行为的时候，如果我们总是以"你"字句开头，也会激起对方的逆反心理，其实，家长对于孩子也是如此，比如"你考得这么差，你在学校究竟干了什么？"这样的话，不要说。"你每天回家就只会玩游戏，你是不是没有看到我？"这样的话，也不要说。

那应该怎么说呢？

"你这次考试考了××分，爸爸觉得有些不可思议，你平时都挺认真的，爸爸都看在眼里，怎么这次考了这么点儿分呢？是不是失误了？是不是最近遇到了什么困难？告诉爸爸好吗？"

"从下班到现在，你已经玩了一个小时的游戏了，你这样让我很难过，我觉得我没有被你重视。"

什么是有效的沟通，就是给对方传达自己的情绪，告知给对方，而不是一味地指责对方。或许指责对方会让我们觉得自己高人一等，是对方离不开我们，但实际上，指责对方只会暴露我们内心的虚弱。

大部分时候，一个成年人的性格可以从他的童年中找到影子，拥有完美性格的人，同样拥有完美的童年经历。我们长大之后，需要拿出一部分精力，去弥补过去的经历。在大背景里，我们必须以连续的眼光审视我们和我们的故事。

明确记住一点，首先，清晰地表达客观事实，正如每个人体验的那样，其次，行动要与感受一致。

要健康表达自己的情绪，首先就是要观察、审视自己的内心，描述与表达都是需要不断练习的。

假性亲密关系 ⟳

什么是假性亲密关系呢？

假性亲密关系指的是在情感里处于很浅层的状态，然后又处于不作为的状态。类似于现在很多人所说的，搭伙过日子，同在一个屋檐下，一起吃饭，一起生活，但对方于自己而言，却像一个陌生人，有情绪、有话也不想和对方说。夜晚彼此上床之后，玩着各自的手机，就算是交流，也是有一搭没一搭的，就像是一张双人床上隔着一片海。

或许，这样的状态，也就只能凑合吧。

也许，很多人会觉得，这样的状态也挺好的呀，婚姻不就是搭伙过日了·？

如果说这样的状态是我们没法改变的，那我们或许也就只能如此了，但问题是这样的状态可以改变，至少改变的可能性是很大的。

如今，伴侣之间的假性亲密关系是非常普遍的。相恋数年却不了解彼此的成长经历，即将走入婚姻却并不了解彼此的婚恋观念，尤其是夫妻之间，生活在同一个屋檐下却貌合神离的例子比比皆是。请问，你愿意在这样的状态中度过余生吗？就算你愿意，你愿意你的孩子以后也是这样的吗？有一点不可否认，在没有外力作用的情况下，一代人与一代人之间家庭的相处模式大概率来讲是重合的。

现在这个时代，在年轻一代人的婚恋观中，相对以前自由了很多。而且，恋爱与婚姻一直以来都是很多人不幸福的来源。为什么？因为很多人根本不知道自己为什么要恋爱，为什么要结婚。

代替我们做出结婚选择的，往往是家里人或世俗的压力，类似年纪大了，该找个人结婚了。而且最为可怕的是，这样的心态在男人身上更为常见。男人在两性关系中多半处于主导地位，就像是一个掌舵人在驾驶船只的时候，连目的地在哪儿都不知道，半路不触礁，能安稳到达彼岸就不错了，要想从这样的航行中收获满意与喜悦，十分困难。

很多人都是稀里糊涂地走进了婚姻，甚至稀里糊涂地恋爱，因为对方人不错，对自己好，然后就在一起了，并没有意识到，两个人在一起不是简简单单的"王八看绿豆"。随后，当关系出现问题时，才意识到"原来对方是这样的人"，于是进退两难。

在双方关系中出现的问题，大多数都是由各自的心理问题而造成的。他们的原生家庭和成长经历负面地影响着与他人的相处方式。亲密关系中情感的表达、信任的建立、矛盾冲突的处理，都会受到个人心理问题的影响。随着相处时间的增多，这些问题会愈发明显。

理想的关系，应该是不断成长和成熟的。

然而，现实中，很多关系是脆弱且幼稚的，一言不合就大吵大闹，甚至情绪上头。

要避免出现这样的情况，首先就是要重视建设高质量的关系。

想想看，结了婚，觉得一切万事大吉了，人生中的一件大事终于完成了，这样的心态是不是很常见？为什么说婚姻是爱情的坟墓？因为婚姻对于很多人来讲，是一个终点，是停止互相追逐的指示牌。

结婚，是为了完成一个任务吗？是打卡吗？还是说真的是为了自己的幸福？

当然，在人与人的关系中，沟通是一个很好的工具。但是请试着想一下，你最近一次与人沟通，取得了良好的效果吗？我们以为沟通是传递信息，其实，我们忘了一点，至少在情人之间的关系中，沟通也是为了交流情感。

然而，客观情况是，情感比事实信息更难传递，所以我们很容易迷失在对事实的无休止的争执中，从而忽略各自的内心感受。

我们也常遇到这样的情况，在沟通中，对方说："算了吧，就这样吧。"抑或是在与朋友的吐槽中，说："他就是这样的人，说什么也没用，不如不说。"

在亲密关系中，语言的强势并不等同于能够把握关系。只有当伴侣发自内心地想要向你袒露心声时，才是真正的亲密。

然而，随着我们阅历的增长，我们也会发现，很多人都陷入了

与自己和解

"爱无能"的状态。也许，我们知道，这个世界上的感情终究会消散，爱情会在关系中消亡。

的确，爱情是需要付出代价的，凡事都不可能零风险，爱情也是一场冒险。很多时候，我们在等，随缘，内心所想的是，我可以碰到一个有眼缘的人，而后感情就顺利开始了。真的吗？

人生哪有那么容易？

说到亲密关系，其实，真正的亲密，是由两个人关系的质量、情感的联结、沟通的深度以及对彼此的理解和信任来决定的。令人遗憾的是，这些建立和维护关系的能力，在我们的家庭教育和学校教育中普遍比较缺失，很多人并不懂得具体要怎么做，所以只能观察、模仿一些流程化、仪式化的东西。

一段感情，是如何慢慢变坏的？ @

一段感情，刚开始好好的，怎么会慢慢变坏呢？

一般来讲，一段感情因为"不和"才出现了问题，尽管"不和"听起来模糊而抽象，但当婚恋关系出现危机时，它们往往会沿着相似的五步轨迹发展。

第一步，我们可以将其理解为"滑动门时刻"，简单来讲，在关系中，伴侣会不断地通过言语和动作向对方寻求支持和理解。也就是"沟通邀请"，对方不会直言问题，也不会直接邀请沟通，而是一种向对方传递"橄榄枝"的行为。比如，丈夫在家看电视，妻子这时候跑过来说了一段话，可能是"你看，这个短视频好好笑"。

如果这个时候丈夫无视了妻子的这段话，就可能错过"滑动门时刻"。

所有的长期关系都会因不能正确使用滑动门而让人备受困扰。就算是那些恋爱高手，在伴侣表现出高兴、悲伤甚至疲倦时，有时也无法把握"滑动门时刻"。他可能累了、烦了或者走神了。我们通常不会去思考我们的反应，或者根本就没有反应。因为我们认为对这些琐事的反应不会有多大意义。

实际上，一段感情到最后越来越冷漠，不是因为一次错过滑动门的时刻，而是不断错过。

滑动门时刻就像是一个"你来我往"的情绪时刻，对方可能会把自己目前的感受告诉给你，而你一旦关上了门，拒绝接受或倾听对方的感受，会让对方的情感受挫。积累多了，这段感情还能好到哪去呢？

第二步，我们可以理解为"遗憾事件"，简单来讲，当你回顾曾经的伴侣时，你会不会有那么一种感受，现在想来，有些后悔，甚至遗憾。你会想，要是当初我不对她那么冷漠就好了，要是当时我能抱住她就好了，要是当时我多理解一下她就好了。诸如此类的想法，都被称为"遗憾事件"。

很多时候，"遗憾事件"都伴随着"滑动门时刻"的发生，当对方的脸上写满了"受伤"与"失望"的表情后，你没有采取相应积极的措施，那么这很可能就会成为关系中的"遗憾事件"。当然，偶尔如此并不会毁掉婚恋关系，但如果在对方转身离开后却不能道歉并修复裂痕，伴侣间的关系就会逐步朝着终点再跨一步。

第三步，我们可以理解为"蔡格尼克效应"，这说的是，我们对那些没有完成的事情记得更清楚。

就比如，我们总是对那些遗憾的事记忆深刻，这也应了那句话"得不到的永远在骚动"，为什么骚动？因为这是未完成的事。

我们可能会忘记一次旅行中我们吃过什么，但我们难以忘记那些因为一些特殊原因而错过的旅游景点或一家餐厅。

当我们回顾往事时，快乐的事情在记忆中总是很淡，而难过伤心的事却总是难以忘怀，因为难过往往伴随着一部分的失败，未完成。

想想看，那些"滑动门时刻"发生的事和"遗憾事件"不正是某种意义上的失败吗？事情虽小，却被我们时常提起。这也是很多人讨厌的，比如对方总是翻旧账。其实不管男人女人，一般来讲都喜欢翻旧账。

因此，我们要明白，想在一段感情中加分，就要经常提及两人的幸福时刻。比如第一次约会在一家咖啡馆，你穿着淡粉色的衣服，让我印象深刻，此生难以忘怀。

第四步，我们可以理解为"消极诠释"，到了这一步，人往往会将一些中性的事件和积极的事件解读出消极含义。

举个例子，比如有一天，丈夫回家的时候，带了一束鲜花，妻子就会觉得，太阳从西边升起了？或者认为对方肯定最近干了什么坏事才想着要讨好我。可是很多时候，丈夫也很委屈，他只是想单纯地表达一下自己的爱意。

消极诠释一旦开始，消除起来将非常困难，因为环境不是黑白分明的，有时怀疑是合理的，因为对方可能的确有私心，但有时却是无中生有。

第五步，我们可以理解为"四骑士的报复"。伴侣之间的消极情绪越多，他们的交流就越缺乏成效。由于不能建设性地表达出自己的不满，他们会陷入四种消极的交流模式当中，阻碍关系的成功修复，它们分别是批评、蔑视、防御和筑墙。

一旦到了这步，这段感情可以说是危机四伏了，修复起来也会相当困难。

有的时候，感情就像是一个银行账户，不能只想着从里面取钱，而要想着往里面存钱。如果账户上的余额不多，那么可能只要取一次，就会导致零储蓄。有些伴侣，尽管也有争吵和矛盾，但很快就能和好如初，而且每一次争吵似乎都没有影响他们之间的感情；而有些伴侣，几次争吵之后就一拍两散了。这可能是他们感情银行账户上的余额不同所导致的。

很多人觉得，维系感情很难，但很多时候，我们多做一点儿小事，为对方多做那么一点点，就相当于往账户上存上"一块钱"，别看这"一块钱"看起来很少，但日积月累的力量是很强大的，只要多为对方想那么一点点，可能感情的维系也就不再那么困难，而是一种习惯。

如何重建亲密关系？

生活中，分手、分居、离婚、丧偶都意味着亲密关系的终结。

很多人分手之后立即寻找另一个伴侣，这就是所谓的"忘了旧爱的最好方式是寻找新欢"。也许，这样做的确可以缓解一时之痛，但相应地，副作用也非常明显。

我们要明白，迅速结交新欢违背自然进程。

就像是一条坎坷的路走到了终点，摔了下去，意味着上一段感情的结束。这个时候，在悲伤之余，成熟的人应该是选择自己爬起来，复盘一下，总结教训，审视过去。这么做了之后，在开始下一段关系的时候才能有所不同。否则，很可能换来换去，到最后发现伴侣都是一个样子，自己也总是在同一个地方摔倒。

在亲密关系走到尽头时，我们可能会怀疑自己是否讨人喜欢。但我们要知道，我们不是人民币，不可能让所有人都喜欢。再者，曾经爱我的那个人，如今说出了"不爱了"的话语，不要去纠结为什么他变了，导致这种变化的原因有很多，有的时候就算想破了脑袋也想不出，反而会让自己陷入死胡同，钻了牛角尖。

有句歌词是这么说的："难过，只是为了过去的好。"

我知道这样的感觉很糟糕，也许还在一个礼拜之前，两人还处于如胶似漆的状态，突然之间，就像自己穿越了另一个异次元空间一样，之前所有的承诺与爱意都烟消云散。此时，我们不必去怨恨别人，扯开嗓子骂对方渣男渣女，没有必要，这只会让心中的怒火烧得更旺；也没必要否定自己，要知道自己依旧是可爱的，在前方，依然会有人爱你，也依然会有人离开你。

之前遇到过很多人，分手后，嘴里最多的一句话就是"为什么"，"他为什么会这样？""为什么要背叛我？""为什么变心了？"其实，已经分手再去纠结这些，无疑会增添烦恼。

我们只能认为，一切都是过往。

如果对方是因为爱上了另外一个人，也请不要有报复行为。古希腊哲人曾说过，一旦内心有了复仇的种子，那么你最后会将自己献祭给复仇女神。

仔细想一想，你究竟在为谁而活？是为了具体某一个人吗？还是为了自己？这样一想，内心的悲伤或许会化解很多。

世间上很多事情是我们无法控制的，正如古希腊斯多亚学派认为，我们要控制自己能控制的，放过那些不能控制的。

我知道，悲痛等内心的情绪是无法消除的，不能用意志力消除。最好不要企图消灭它，而是要让它自然发生。你可以跳出自己的视角，从局外人视角去审视自己内心的情感，去接纳自己的悲伤，去接纳自己的愤怒，然后你就会发现，自己被救赎了。

这并不是说这些伤口会永远折磨我们，而是说，我们要接受已经流血的伤口，等待它自行愈合。也许，这样的伤口会伴随你一生，但你在以后可以云淡风轻地谈起它，就像是谈论一段别人的故事一样。

相信我，一个人是永远无法忘记另一个人的，除非他死亡或失忆。我们总是用"忘了他吧"来劝解失恋的朋友，这的确是做不到的，甚至还会起到相反的作用。当我们的朋友向我们抱怨、哭诉的时候，请不要将他们的情感堵上，也不要站在自己的视角去纠正他们。让他们说，听他们说，即可。

大禹治水，不在于堵，而在于疏。让那些负面的情绪自然流露出来，远比用说教的口吻堵住它们要好得多。

还需要注意一点，请克制这样的愿望和冲动，即还想告诉前伴侣最后一件事或者给他必要的忠告。因为这样做实际上会引发争吵，从而在早已断掉的关系上纠缠不清，这样做最终受伤的还是自己。

我知道要放下一个人，放下一段感情很难。不过我想说，人生之旅本身就困难重重，如果这条路很容易，那么人生也就失去了其价值。要相信，前方总有更好的在等着你，这在统计学上是大概率事件，因此不要担心自己没人爱了。要想抓住幸福，请爬起来，不断超越自我。

想想看，一个遇到困难就畏首畏尾，自暴自弃，甚至失去了理性的人，能有多大的概率遇到更好的人呢？

控制你所能控制的，放过那些你不能控制的。这些都是斯多亚哲学留给后人的智慧。其实一个人最终能控制的，唯有自己。

第八章 社交篇

社恐怎么破？ @

现代社会中，"社恐"一词逐渐出现在了大众面前，且很多人都认为自己有社恐，害怕和陌生人建立联系，严重的甚至都不敢和熟人见面。

首先要明白一点，社交恐惧症并不是一种病，是一种很正常、很普遍的心理。而且它和人的性格没有直接关系，无论是外向的人还是内向的人，都可能会有社恐，只是强弱的区别而已。

恐惧本身就是一种生存策略，请试着想象一下，如果一个原始人看见狮子老虎根本不怕，也不跑，这样的人被吃掉的概率就会很高。所以说那些没有恐惧基因的生物，就会被自然选择淘汰掉，只留下会恐惧的生物。因此，如果我们发现了自己有社恐，不要担心，这是很正常的一件事。

心理学家艾琳·亨瑞克森认为，社交恐惧症的本质是恐惧"暴露自己的致命缺点"。拥有社交恐惧症的人常常会有很多焦虑，比如自己不够好看，或者担心别人觉得自己不够有趣、能力不足，等等。

因此，要克服社恐，我们必须发现自己内心害怕的那个点在哪里，也许是担心别人不喜欢自己的长相，抑或是自己的语言表达能力不强，害怕遭到别人的嘲笑。只要我们发现了这点，再好好想一想，其实这些都没有我们所想象的那般可怕。

很多人会有一种心理偏向，认为最糟糕的结果一定会发生，这其实是在给自己设限。他们担心一旦向陌生人开口，对方一定会讨厌自己，甚至厌恶自己。实际上，这些都不过是源自自己头脑中的想象。

再者，他们害怕与陌生人接触的时候出丑或发生一些尴尬的事情，他们会认为，要是这些发生了，那么一切就完蛋了，会有一种"天塌下来"的感觉。

其实，我们可以类比一下，当我们看到别人尴尬的时候，其实并不会放在心上，也不会因此而对他人产生负面的看法。

我们害怕社交，是担心自己的内心被别人看穿，比如，在和对方说话的时候，自己其实很焦虑。我们唯恐别人看到我们内心的焦虑，因此干脆就放弃了社交。

其实，别人还真不容易发现我们内心的情绪。那些容易被别人发现的点，恰恰是我们用来掩饰焦虑的"安全行为"，比如，不停刷手机、盯着地板、讲话声音变小。我们以为这些行为掩盖了自己社交恐惧的表现，但在他人眼中，这些行为反而显得有些奇怪。

最后，我们可以将更多的心思用于外界，而不是自己的内心。当我们过度关注自己内心的时候，社恐的感觉也会更加强烈，我们也会放大一些其实很寻常的事情。比如，与我们对话的人看了一眼窗外，我们就会不停地想："对方看了眼窗外，是不是觉得我很无聊？他是不是觉得我很蠢？"

好在我们可以控制自己的注意力。如果把注意力转移到外部环境上，我们就能够捕捉到外部世界的一系列变化，这些外部刺激会令我们充满好奇，问出我们想问的问题，让对话顺利地进行下去。

最重要的是，如果我们不觉得社恐是个问题，那么它就算不上什么。从一些生活的小习惯开始改变，比如，尝试着跟楼下小卖部的老板说上几句话，然后逐渐扩大我们的社交范围。

大部分情况下，我们以为别人会在意的点，其实别人压根儿就没注意到。一些在我们看来会导致严重后果的行为，其实并不会让我们"社死"。

生活中，我们大部分的担心，都只是我们想象出来的。勇敢一点，试着走出去，我们会发现与人交流并没有我们想象中那么难，我们可能还会因此收获新的快乐。

为什么说他人即地狱？ @

存在主义哲学家萨特曾写过一个剧本《禁闭》，说的是三个被囚禁起来的鬼魂等待下地狱，但在等待的过程中，三个鬼魂在彼此之间不断欺骗和互相折磨，最后他们忽然领悟到，不用等待地狱了，因为他们此时此刻已经身处地狱。

首先，我们来到这个世界上，慢慢长大，会形成自我意识，同时也会认识到他人的存在。

"他人"是相对于"自我"而形成的概念，指自我以外的一切人与事物。凡是外在于自我的存在，不管它以什么形式出现，都可以被称为"他人"，或"他者"。

人活在世，每个人都希望自己是世界的主角，都想刷存在感，希望自己在别人眼里是"高大上"的，别人也希望自己在我们眼里是"高大上"的，这就形成了冲突，就好比每个人都想要多占据一点儿别人的大脑内存，但是呢，每个人的注意力和带宽都有限，我们在一起的时候，谁是主角？谁是配角？这势必会产生"主角之争"的冲突，所以萨特说："他人即地狱。"

比如，当我独处的时候，我能够自由地掌控自己的生命，哲学上把这叫作人的主体性，可是我今天出门了，跟别人见面了，被他人看见了，被他人凝视了。被他人凝视意味着主体被客体化、对象化，主体的"我"在他人的目光下转变为客体对象的"我"，主动权和统治权似乎已经转移到凝视者的手中，凝视者和被凝视者之间形成一种微妙的不对等关系。同样，别人被我凝视，也会发生这种变化。

因此，人一旦回归到社会生活，作为主体性的自我就被扭曲了，沦为了他人眼中的客体。

人总是要维护自己的主体性，所以人与人之间一定会为了争夺主体性而斗争。每个人在和他人相处的时候，都想把他人变成客体，以此来维护自己的主体性和自由。

萨特认为，世界上的确有许多人生活在地狱中，因为他们太依赖于别人的判断了。他说："'生活在地狱中的人们'不能从自身的偏执、习惯中挣脱出来，他们在意他人的眼光和评论，成了他人凝视的受害者。"可以说，"他人即地狱"，其中不仅包含着他人对自我的种种约束和压制，还在鼓励人们不要在意他人的目光，要对自由满怀热切追求。

但是，这个世界上，又有多少人能成为离群索居的人，完全不在意他人的目光呢？因此，他人的凝视只能是一种意见，不代表全部，我们可以从他人的凝视中发现另一个自身，但切不可沦入其中。

"他人即地狱"，因此我们在与他人的相处中，要尽力不被别人的目光所改变，要维持住自己的主体性。另外，他人对我们而言是陌生的，我们总是站在自己的角度去看别人，双方的冲突也就不断。与别人争论，证明自己是对的，不仅伤了和气，还会让自己疲惫。当我们意识到这点之后，并不是要远离他人，而是要学会不在意他人目光，追求自己的目标。

萨特在《存在与虚无》中认为，人总是把活生生的"他人"看成一个"物"，忽略了他人的主观性、主体性，甚至还有意无意地迫使个体凭他人的眼光来判定自己。主体对他人也存在这样的情况。就像萨特说的"我努力把我从他人的支配中解放出来，反过来力图控制他人，而他人也同时力图控制我"。

因此，如果我们太在意他人的评价，显然就会落入人际关系的地狱之中。要想从地狱中走出来，就必须认清自己，相信只有自己才能决定自己是谁。

人的一切烦恼来自于人际关系吗？

奥地利心理学家阿德勒曾说："人的一切烦恼皆来自于人际关系。"

有的时候想想，好像的确是这样。生活中，我们大部分的烦恼都是和他人有关，因为与他人的交往而让自己产生了不好的情绪。

那么如何解决这个烦恼呢？难道我们对此完全束手无策吗？

显然不是，我们首先需要做的就是"课题分离"，这也是阿德勒给出的理论——明确分清哪些是自己的事，哪些是别人的事。如果我们分不清什么是自己的事，什么是别人的事，就很容易变得敏感内向，容易受他人情绪的影响，活在别人的评价和期待中，把别人的期待变成自己的期待，把别人的情感当作自己的情感。

这样子，我们的大脑就像是一团糨糊，粘在一起，活得越来越累，也越来越焦虑。

因此，我个人认为，人际关系中的烦恼，皆来自于我们对关系认识的糊涂。

比如，很多人不知道该怎么表达自己的需要。我上大学的时候，某一天，宿舍里搬来一个新的室友，他很喜欢玩游戏，总是玩到深夜才上床睡觉。熄灯之后，电脑屏幕的亮光总是在小小的屋子里闪来闪去，影响我与其他两位室友的休息。

我们三个人私下里抱怨过这事，但没有一个人去跟他明说。我们害怕直说了，会影响到我们之间的关系。好在那个时候，我们即将毕业，想着忍忍就过去了。

后来当我读到阿德勒的书时，才意识到那个时候的我们犯了一个错误。从课题分离的角度思考，其实那件事就变得很简单了：表达我们的需要是我们自己的课题，而别人会接受还是会拒绝，那就是他们的课题了。

还有一点，很多人不知道该怎么拒绝别人，害怕拒绝别人后会降低别人对自我的评价。运用"课题分离"原理，拒绝别人这种事也就变得简单了，别人向我们提出需求是他们的事，但无论是拒绝还是接受，是我们自己的事。我们考虑的应该是，自己是否愿意帮助他，或是否有能力帮助他，而不是万一拒绝了对方，对方会不会讨厌我们。

简单来讲，别人怎么评价我们，不应该成为我们的行事准则。

在亲密关系中，我们尤其是要分清别人与自己的事。分清哪些是自己的事，哪些是父母的事，哪些是伴侣的事。我们既不能在家里当甩手掌柜，又不能什么事都包揽。每个人都有各自的责任与义务，尤其是在养育孩子这事上，父母能做的就是做好引导。学习好不好，父母可以操心，但归根结底，还是孩子自己的事。如果孩子大了，我们也要学会适当放手，让他们自己去面对人生中的许多事，这也是他们应该做的。如果我们什么事都要替孩子操办，不仅孩子得不到成长，自己也会很累。

课题分离，就是人际关系中的控制两分法。我们把能做的事做好，因为归根结底，每个人都只能做好自己的事情。

而如果我们真的把自己的事情做好了，把别人的事情留给别人操心，那也许我们就不会担心别人的评价，那些来自人际关系的烦恼和羁绊，也许就不会那么让我们困扰。

我们可以离群索居吗？ ↺

　　曾经有一段时间，我想过一种隐居的生活，像陶渊明一样"采菊东篱下，悠然见南山"。现在想起来，可能是那阵子的人际关系让我烦躁，我谁也不想见，谁也不想理，哪怕是身边亲近的朋友，也不想搭理。我很想挖个坑把自己埋了，从此不问世事，只是自己一个人安静地活着，快乐地活着。

　　这样的想法持续了好长一段时间，我越来越想离群索居，越来越不想和任何人说话，同时也变得越来越郁郁寡欢。当时我以为自己变得不开心的原因是由人际关系造成的，后来才意识到，是我不再与人交流，内心的孤寂导致了我不开心。

　　好在，当我意识到这点之后，我很快便走了出来。

　　再回想起那段时间，我觉得当时我的想法有些幼稚。

　　人天然是社群动物，这是刻在我们基因里的，对基因来说，跟亲朋好友在一起才是正常的生活，离群索居是不正常的。古希腊哲人亚里士多德说："那些离群索居的人，要么是神，要么是野兽。"

　　陶渊明是一名隐士，但他不是与他人不再来往，他会经常与老农交流。写下《瓦尔登湖》的美国作家梭罗也不是完全过着独居的生活，在日常生活中，他还是会与朋友来往，只不过与他来往的人很少，是被他认可的真正朋友。

　　而且，就算我们做到了离群索居，也会带来一系列新的问题。首先，我们会感觉孤独，而孤独与寂寞是有害健康的。有研究表明，那些跟家庭成员更亲近的人、更爱与朋友邻居交往的人，会比那些不善交际离群索居的人更快乐、更健康、更长寿。那些"被孤立"的人，等他们人到中年时，健康状况和大脑功能下降得比其他人更快，也没那么长寿。

　　其次，我也明白了，关系的质量比数量重要。有多少朋友、是否结婚，这都不是最关键的决定要素。最让人感到受伤和不幸的是人生中的矛盾、争吵和冷战。互相伤害、没有爱情的婚姻，带来的危害甚至会比离婚更加致命。

　　哈佛大学的心理学教授乔治·维兰特曾经展开过一次调研，有一对参与调研的老年夫妻说，在他们80多岁时哪怕身体出现各种毛病，他们依旧觉得日子很幸福，可以互相依赖。而那些婚姻不快乐的人哪怕有一点儿不适，坏情绪也会把身体的痛苦无限放大。

　　再者，这项调查还发现，好的人际关系可以保护我们的大脑。如果在80多岁时，婚姻生活还温暖和睦，对另一半依然信任有加，知道对方在关键时刻能指望得上，那么记忆力都不容易衰退。反过来，那些无法信任另一半的人，身体很快就会走下坡路。当然，幸福婚姻并不意味着从不吵架。有些夫妻，八九十岁了，还天天斗嘴，但他们坚信，在关键时刻能依赖对方，争吵只是生活的调味剂。

　　20世纪法国社会学家涂尔干曾专门研究过人类社会中的自杀现象，他发现，如果一个人越离群索居，与社会的整合度很低，那么这个人自杀的可能性越高。

因此，就算是真的有能力离群索居，也是很危险的。人际关系会给我们带来痛苦，但同时也是人的归属感的来源。

对于离群索居这事，我们不可能做到，也不应该追求。

天下没有不散的筵席 ⊙

随着我们在人生的道路上不断地向前走，或多或少都会失去一些朋友。有些是因为意外或生病，这些我们无法控制，只能为此感到叹息，却也无可奈何。还有一些则是因为时间导致的疏远，曾经亲密无间的朋友，转过头来成了那个最熟悉的陌生人。甚至，有些朋友，还是我们主动绝交的。

有些人走着走着就散了，这句话不仅适用于恋人，也适用于朋友。爱情未必长久，友情亦是如此。

我们都有过这样的经历，在人生中的某个路口与曾经一起走过的朋友分离，有些是迫不得已，有些是因为彼此发生了矛盾，乃至绝交。有的时候我们会想起他们，想到那些快乐的时光，总是令人唏嘘不已。

只是，天下没有不散的筵席，有些事情我们也强求不来。

或许，在与朋友绝交后，我们会很痛苦。我们可以想象一个场景，或许这样会让我们更加理性一些：假如对方不存在，我们的人生会是什么样的，我们又会有怎样的感受。这一步很重要。我们是会觉得一身轻松，还是会觉得浑身难受？凡是面临重大决定的时候，这一招都很好使，它可以帮我们快速确认自己的真实感受。想一想，这段友谊的结束还会给我们的人生带来怎样的改变。我们同属于一个朋友圈吗？我们的孩子喜欢彼此吗？我们是否需要把这件事告诉其他人？友谊结束后的这段时间通常很难熬，对于新现实的想象可以让你顺利地度过这一段时间。

如果我们想给过去的友情画一个句号，我们可以选择与对方交谈一次，可以是通过写信或者发一封电子邮件。但是要注意，我们得好好斟酌一下自己的用词。要知道，肯定会有别人看到它的。因此不要骂人，不要造谣，要简明扼要，要尽可能地亲切有礼。这话一出，就是一辈子的事。

除此之外，我们应该放下过去，朝前看，与一位朋友绝交，并不意味着一点儿意义都没有。我们可以发挥绝交的价值，把曾经为这段友谊付出的时间与精力，投入那些让我们充满能量和快乐的友谊中去，把我们从这次磨难中学到的经验教训，运用到现有的或是以后会有的新友谊中去，这便是绝交中的一线曙光。

无论怎样，我们都应该尽快从绝交的阴影中走出来，向前看，对过去表示尊重，即可。要知道，天下没有不散的筵席，我们今后还会认识很多新的朋友。

人总是会不断往前走，不断结识新的朋友，一个人的人际关系网络会随着自身的成长、阅历的增加变得越来越广阔和复杂，但我们平时能够维系的关系数量是有限的。一些已经不再有交集的亲戚朋友，不妨放到人际关系的"档案库"里面去；而一些实际上对我们弊大于利的损友，更是该删除就得删除，该"拉黑"就得"拉黑"。

可以哀伤，也可以悲伤，但请不要愤怒。

苏格拉底交朋友的智慧 ◉

每次谈到"交朋友"这个话题，我都会想到苏格拉底，他曾经提出了一个非常具有普适性的交友原则，简单来讲可以概括成以下三句话：

1. 这个人不能心里只有自己。

2. 了解一个人，去看他周围的朋友。

3. 去真诚夸赞那些你想结交的人，不要谄媚。

首先，去看他是如何对待和自己利益无关的人。当一些人有求于我们的时候，我们会发现，他会对我们特别好，这样子我们就失去了判断的标准。如果这时候我们误以为他是一个值得信赖的人，甚至是可以结交的人，结局并不可知。如果我们对他没有用处之后，他还能对我们一如既往地好，那算是我们的幸运。但往往，在我们对他没有用处之后，他就想不起我们了，甚至过一阵子再联系，他连我们是谁都不记得了。

所以，看一个人是否值得结交，要去看他是如何对待与自己没有利益关系的人，比如，他对服务员的态度，对路上陌生人的态度，这些往往是可靠的判断依据。

其次，我们也可以看看他周围都是些什么人，因为我始终认为，人是环境的产物。

一个人身边如果没有什么朋友，那么，这人的性格是有明显缺陷的。性格有明显的缺陷不代表这人就不好，而是我们要走近他的身旁，要耗费自己巨大的精力与耐心。很多人会误以为，这是因为此人不擅长社交，以及内向等。实际上，性格孤僻的人多半是很难相处的，而我们的文化似乎对这样的人都有些神化，比如，他是一名隐士，或不屑于社交。

　　我们也要明白，一个朋友很多的人，未必都是靠谄媚别人而获得友谊的，而是他性格本来就好，易相处，相处起来不累，这样大家慢慢聚集到他的身边。

　　最后，就是要与那些懂得感恩的人交朋友。几乎可以说，地球上所有现存文明都将感恩视为传统的价值观，一个不懂得感恩的人，可以说是不值得结交的。

　　任何人际关系都不会是单方面的，关系至少牵扯到两个主体，就算是自己独处的时候，也有一个内心的自我站在你的对面。而关系就像水一样，是流动的，有来有往是健康关系不可或缺的重要因素。

　　认为别人对自己好都是理所当然的人，其实是在不断消耗与他人之间的关系。有的时候，感恩只需要一句简单的感谢，或是一些小小的行动反馈。

　　很多人会觉得，两个人关系好，可以不必拘泥于这种形式。

　　那些需要我们经常打交道的朋友，其实我们更应该要用心去维护。要知道，不论什么样的感情，都是需要维护的。

　　当我们为别人做了一件事，可能是帮了小忙的时候，如果能听到对方一句真诚的"谢谢"，内心是不是也会舒服很多呢？

这并不意味着我们帮助别人是建立在索要回馈的基础上，客观来讲，这是人际关系的润滑剂。当然，要小心自己的善良被别人利用，有些小忙只是随手为之，甚至不需要感谢，但那些需要花费你精力与时间的事情，如果对方一点儿表示都没有，那么，下次当他遇到同样的事情需要你帮忙的时候，你完全可以委婉拒绝。这对你来讲并不损失什么。

我们要明白，每个人都有自己的事情，精力是有限的，那些没有感恩之心的人，心中只装了自己的人，甚至觉得别人帮他都是理所当然的人，不会是你的好朋友，更别说能滋养你的生命了。

良好的成年人之间的关系，都是建立在这样互惠互利的基础之上的。

经营好自己的朋友关系 ◎

好的关系就像我们生命中的养分，会不断滋养我们。

朋友很重要，但怎样维系和经营朋友圈是很多人头疼的难题。

首先，我们要明白，任何关系都是需要维系和经营的，如果我们长期对其放任不管，那么很可能它们就成了一堆堆干草。

没有什么比个性化的一对一互动更好，因此，我们要经常抽出时间与朋友们见面，当然，我们不可能和所有朋友都见一遍，要记住，质量比数量更重要。我们可以把人际网络分成多个小组，给关系紧密的朋友每个月都发一条消息，联络一下感情。对于一些不够熟悉的朋友，我们可以在节假日或新年发送一条简单的问候，比如："很久没见你了，最近怎么样？"不要担心这样会让他们觉得被怠慢了，一条简单的问候有时会创造奇迹，重新激活双方之间的联系。

其次，我们要学会表达感激之情。我们都希望自己能被人重视和认真倾听，同样，将心比心，我们的朋友也是如此希望的。我有一个朋友，平时有一个习惯，每当有人向他提出一些很好的建议时，他都会亲手写一封感谢信，以正式的方式向对方解释这个好的建议如何帮到了自己。每到新年，他会给这一年帮助过他或给予他启发的朋友写一封诚挚的新年问候，其中会具体讲到"今年的某年某月某日，你的一句话点醒了我"或是"感谢你这一年某次的帮助"。我那朋友认为，如果一个人感觉自己受到了重视，那么他们就会更愿意继续支持和帮助你。

不要觉得这一年很平淡，好像没有什么值得说道的。生活中不缺乏美，只是缺少发现美的眼睛。因此，只要我们用心去找，总能找到那么一两件事，可以值得向朋友表示感谢。长此以往，我们也会养成好的习惯，会发现不同人身上的优点，这对于我们今后在职业上的成长也大有帮助。

最后，有些人会显得很吝啬，不想让自己的两个朋友互相认识。其实，这恰恰是不对的，我们每个人的人际网络不仅和自己有关，也和网络中的每一个人息息相关。因此，多向朋友介绍自己其他的朋友，让他们相互认识，尤其是在能够达成合作的前提下。这不仅不会让我们有所损失，反而会给我们带来两边的感激与尊重。我们关系网的质量也会越来越高。

我有一个朋友，他可以说是天生的社交牛人，他平时就喜欢结交朋友，出门旅游的时候也不会闲着，浑身似乎充满了无穷的精力。有一次和他一起出门，在高铁上，他就和邻座的人聊成了朋友。平时，他通过小规模的聚餐、休闲活动或者直接介绍的方式，让自己的朋友互相认识。他跟我说，将我们的人际网络融合在一起，这样不仅会加强彼此之间的联系，同时，他们还会介绍给我们其他有用的人脉。

当然，仅仅通过努力去扩展人际圈是没有用的，我们还要投入相应的时间和精力来经营朋友圈。很多人都知道这点，但很少能做到，因为平时没有这个习惯。那么我们可以从现在开始，从一些小事做起，比如，分享一篇他们可能会喜欢的文章，抑或是邀请他们出来吃一顿晚餐。当我们不断围绕着维护人际网络进行努力的时候，这些行为就会渐渐成为习惯，总有一天能看到效果。

沟通最重要的是什么？

人与人之间沟通最重要的一点是什么，是"倾听"。

在英语中，听有两个简单的词汇，一个是"hear"，一个是"listen"。前者的"hear"，侧重于物理意义上的听到，比如，我们听到有人在说话，某件东西掉到了地上发出了碰撞声，大街上有人突然大吼一声，这些声音通过空气传到我们的耳膜，所以我们听到了。后者"listen"虽然也表示听，但与前者的含义却不一样，更侧重于人的心理层面，需要我们聚心会神地去听。

我们想和对方产生有效的沟通，就必须学会倾听，不只是要听到对方说了什么，还要听到对方内心的声音。在倾听的时候，我们也要看到对方。不仅仅是用眼睛看到对方的容貌和形态，还要看见对方的情绪和内心。

如果我们总是保持着自以为是且不容别人辩驳的态度，那么我们就不可能实现有效的沟通，别人也会对我们敬而远之。沟通的时候，我们需要闭嘴，多听少说，但这并不意味着我们是被动的沟通者，我们在努力倾听对方，实际上就已经占据了沟通的主导权。

不管什么时候，我们都最好不要打断对方说的话，因为这会让我们产生错误的认知。一个好的沟通者首先就是要有耐心，我们可以在对方说完话之后，停顿一会儿再开口。

我们在听对方说话的时候，可以时不时点头示意，抑或是重复对方的话语。如此一来，对方就会感觉自己被尊重，被听到，从而也会产生更积极的沟通意愿。

每个人的共情能力都不一样，有的强，有的弱。在沟通的时候，共情能力太弱显然不是一件好事，它会让我们忽视对方真正想表达的内容。我教大家一个提升共情能力的小方法，就是模仿对方。比如，对方在与你谈话的时候，用右手摸了摸自己的下巴，你注意到了对方的这个举动，那么接下来你也可以如此做。当然，不要让对方觉得你是有意如此，否则，对方就会有警戒心，这不利于双方的沟通。

模仿对方的肢体动作可以让我们更好地去理解对方，设身处地地站在对方的立场考虑问题，也是沟通的必要因素。

在沟通与倾听的时候，切忌将自己的主观臆断带进去。我们需要心无杂念地倾听对方的话语，观察对方的表情和手势。如果碰到我们不理解的地方，我们可以进行合理的推测，并将这种推测以询问的方式告知对方。比如，我们可以说"我可不可以这么理解""你的意思是说……"，而不是心里默默想着对方这么说这么做，一定是怎么怎么样。

我们还需要时不时给对方正向的反馈，并表达出认同对方的态度。无论是什么样的沟通，我们所要解决的是问题，而不是对方，我们没有必要用言语让对方站到我们的对立面，相反，在解决问题的时候，与我们沟通的对方，正是我们的盟友，不是我们的敌人。

孟子曰："人之患，在好为人师。"好为人师的人在大多数时候都可能会搞砸一场原本良好的沟通。我们要尊重对方，对方不是一个三岁的小孩子，不需要我们来教他做事。如果一听到对方的观点和我们的不一样，我们就急于抛出自己的否定意见，那么我们就等于将自己关在了一个封闭的空间，且停止了自我成长。

亲密无间，就真的好吗？ ↺

总有人将两个人关系的最高境界称为"亲密无间"，无论是夫妻与情侣、抑或是兄弟与闺蜜，似乎我们将对方作为"亲密无间"的对象时，都会感觉彼此关系已经上升到了无与伦比的高度。

可实际上，这样的状态很危险。

正如月圆之后，不会一直都保持着这个状态，而是会由盈转亏，如此循环。人与人之间的关系，也都处于一个动态的变化过程，一旦到了"亲密无间"的地步，往更好的方向发展的空间就没了，那么接下来，大概率来讲，必然会疏远。

我们可以将两个人之间的关系量化一下，满分是100，亲密无间分值很高，有90分，甚至95分。以前者为例，你觉得从90分到95分容易呢，还是从90分到80分容易？显而易见，关系好到一定程度，再往前走就很难了，更大的可能是向下滑。

而一旦到了向下滑的时候，彼此双方是否能接受这种关系的疏远呢？也许前一阵子还是无话不谈，可能突然几天就形同陌路，这背后有一只看不见的手叫"均值回归"。很多时候我们都会将其看作一段关系的终结，实际上，这只不过是一段关系中的常态罢了。

人心永远都是不满足的，知足常乐的人永远都是少数。我们喜欢一个人，想亲近一个人，会下意识想和对方走得很近，直至亲密无间，而一旦对方做错一件事，或让你有了一些不爽的情绪，之前所有的好关系都很可能荡然无存。

要知道，我们很容易记住别人的不好，而又很容易将对方的好当成理所当然，这是人性的一个表现，无关乎对错，无关乎道德。

行为心理学中有一个词叫"损失厌恶"，就比如同样是100块钱，损失100块钱带给我们的痛苦要远远大于获得100块钱带给我们的喜悦。这是基因经过千万年来留下来的习性，无关乎对错，无关乎道德。

再怎么喜欢一个人，也要始终与他保持一定的距离，不可过分亲密，这样的状态才能长久。

信息论中有个词叫冗余，或许，任何关系之间，都要保留一定向上发展的冗余空间。以最高关系 100 分为例，95 分或许很亲密，但要维持这 95 分，很难，需要花费巨大的精力。而 95 分很大概率会掉下去，比如掉到 90 分，可能两人之间就会产生间隙，有隔阂，这样就又会加剧分数向下掉的可能性。

最好是两人之间的关系维持在 80 分，80 分这个分值比较好，向上，还能继续发展到 90 分，向下，也不至于一下子就坠入谷底。哪怕是从 80 分掉到 70 分，可能请他吃顿大餐，就又回到了 80 分。彼此双方有这个冗余在，关系可以在小范围内波动，长期维持下去也不用花太多精力，就很好。

太亲密会窒息，会压得对方喘不过气来，何苦呢？

第九章 世界篇

如何面对死亡？ ℮

我们的社会与文化传统，一直缺少关于死亡的教育，我们避讳谈到死，似乎死亡是一件多么见不得人的东西一样，抑或是它本身就代表着不吉利。

然而，我们终究要面对死亡。自从出生之后，我们的结局就已经注定，即通往死亡。有的时候，我们会思考人生的意义，仿佛一切在死亡的面前，都会变得虚无。

我们相信"未知生，焉知死"，觉得一个人活都没有活明白，谈论死亡又有什么意义呢？但是，如果不对死亡好好思考一番，那么活着也就像是轻飘飘地飘荡在空气中，缺少了厚重感。

与中国古人不同的是，古希腊的哲学家相信"未知死，焉知生"，死亡是他们经常谈论的话题。

苏格拉底是古希腊哲学家中的一员，他聪明、敏锐，活着的时候引导雅典的青少年过着一种符合德性的生活，他对死亡的看法影响了许多人。或许，我们能从他那里获得一些启发。

尽管苏格拉底被后人誉为伟大的思想家，但他晚年的时候却遭到了雅典人民的审判。在审判席上，他并没有哭诉，也没有请求自己被赦免。在解释了自己为什么被起诉后，他平淡客观地论证了自己为什么无罪，同时对自己的哲学生活进行了经典的辩护。他表示，就算是死了，他也不会改变自己的生活方式。而后，他对那些相信自己的朋友和学生们说："死亡并不可怕，我们也不该惧怕死亡。因为活着的人还没有经历死亡，而死了的人没法告诉我们死亡是什么样的，所以没有人明确地知道死亡到底是什么。如此看来，死亡又有什么可怕的呢？"

面对死亡，苏格拉底淡定自若，他并没有因被判处死刑而感到愤怒，而是平静地说道："想要避免死亡并不难，因为死亡是一个腿脚很慢的追逐者，但是想要避免恶行却很难，因为恶行是比死亡跑得更快的追逐者。我们稍不留神就会被恶行追上，而死亡追上我们则要慢得多。"

在通往死亡的路上，苏格拉底在监狱里面见了自己的亲朋好友。当其他人都已经哭得泣不成声时，他却完全没有将死亡当一回事。他说："你们都听到过天鹅之歌吧，似乎是天鹅在生命的最后一刻发出的凄美叫声。可是，你们知道吗？鸟儿只有在高兴的时候才会歌唱，因此天鹅在死前所唱的歌也绝不是悲歌，而是喜悦的歌。"

苏格拉底认为，哲学就是练习死亡。在希腊人的观念中，死亡即是灵魂与肉体的分离。在人活着的时候，肉体是灵魂的监狱，要想追寻真理，首先要做的就是让灵魂摆脱肉体的束缚。因此，哲学家所需要做的，就是尽量训练自己实现灵肉分离，并为最后的死亡做好准备。

苏格拉底劝慰大家，就算他的肉身死了，他的灵魂也会永存下去。灵魂不朽的观点其实可以追溯到毕达哥拉斯，当时很多人都认为人的肉身是一个牢笼，困住了人的灵魂，因此，死亡是一种灵魂的解脱，应该感到欣慰。

在与朋友做了最后的道别后，苏格拉底也迎来了自己的死亡。在太阳还没落山时，他就开始沐浴更衣，准备接受最后的死刑。负责行刑的官员都惊呆了，因为他之前遇见的"犯人"在面对死亡的时候，无一例外都想多活一会儿，因此总是对行刑官发脾气，甚至诅咒他们，而苏格拉底如此平静地面对死亡。为此，就连行刑官都为苏格拉底流下了眼泪。

也许，从容不迫地看待死亡，将会是我们身为人的最后尊严。

应然世界与实然世界有什么区别？ @

记得以前读书的时候，我们语文老师一直告诫我们，考试的时候字迹要工整，要写得清晰，一手漂亮的字会影响作文的成绩，从而影响语文成绩。

这个现象是现实存在的，可能会让很多字写得"张牙舞爪"的人，比如我，感觉到很不公平。实际上，字的好坏与作文成绩之间不该有这样的关系。这种现象不应该发生和这个现象的确存在或已经发生，讨论的并非一个问题，这也是应然世界与实然世界区别的体现。

实然是对现实的描述，而应然则是讲什么是应该的。而且实然是不能用来论证应然的。举个例子，这种现象在当今也很普遍，一个路人闯红灯被交警抓住了，要罚款，他很不乐意，说："别人都闯红灯了，为什么不罚他们，而来罚我？"

很显然，这个世界上每天都有闯红灯以及违反交通规则的人，但这只是一个现象，并不能用来说明我们可以闯红灯。

网络上与生活中的很多争论都是因为我们分不清这两个世界的差异。就我目前所知，最早将这个道理讲明白的是英国经验主义哲学家休谟，他在自己的著作中提出了一个"休谟难题"，即我们如何看待"是"和"应该"之间的关系。休谟发现，他们那个时代的道德学中的每一个命题都是由一个"应该"和一个"不应该"相对应地联系起来的，这其实并不是一个科学的事实问题，而是一个价值问题。

休谟指出，道德问题不存在真伪对错，而是对善恶、好坏的价值选择和评价。那么，究竟什么是善，什么是恶呢？

这个无法用自然科学来进行推理，也无法从实验室里得出普遍经验，也就是说，通过推理和实验都没办法得到关于善恶好坏的共同一致的客观标准，只能是主观性的评价。这种评价是在"应该"与"不应该"之间度量的。但是，这也并不是说人类就不应该遵守道德规范。休谟仅仅只是指出，在伦理道德上区分好坏善恶，不是基于理性，而是基于情感。

休谟说："凡是能够使个人在情感上获得快乐的行为就是善的行为，痛苦的便是恶的行为。"根据这个原则，他提出了评判善恶的基本标准：

凡是对自己有用的，对他人有用的，直接令自己愉快的，直接令他人愉快的行为、品质和德性都是善的、好的、有价值的，反之则是恶的、没有价值的。

在休谟的道德伦理中，"是"不导致"应该"，道德也不来自这样的因果推理，这可能是基于他的怀疑主义。当然，这是一种温和的怀疑主义，而不是将怀疑贯彻到底。他说："我们需要这种缓和的怀疑主义，它并非否定理性的作用，而是理解他的限度。"

一个东西是什么样和一个东西应该是什么样，是两个维度的问题，而很多人在日常生活中会将其搞混。比如，很多丑陋的社会现象，当我们在谈论它们的时候，先要搞清楚是在哪个层面谈论。

这让我想起了黑格尔那句被误读的名言："存在即合理。"

这里的合理是合乎逻辑上的理性，比如，杀人越货，这件事是存在的，是符合逻辑的，在历史上曾发生过，甚至现在的世界中也存在，但不代表这种存在的现象就是正确的，就是应该的。至于这么做在应然世界中是否合理，则是不言而喻的。因此，实然世界中的合理并不能推导出应然世界中的合理。实然世界中就算一半的人都闯红灯，也不能成为闯红灯的理由。

简单来讲，对应然世界和实然世界有所区别与了解，可以避免很多无谓的争论，也能让我们的生活更平静一些。

真理存在吗？⟳

你相信这个世界上有真理吗？

可能你会不假思索地说，当然有，不然为什么总是说"要追求真理"呢？

这个观点没错，但在论证这个观点之前，我们先来看一个故事，柏拉图的"洞穴寓言"。

在一个山洞里面，一群囚犯被捆住了手脚，无法动弹，也无法转身，他们背对着洞口，只能看到前面的一堵墙，墙上会倒映出万事万物的影子，由于他们无法转过身直接看到事物，因此只能看到影子，而这些人误以为这些影子就是真实。

很多年以来，这个故事的寓意是我们要冲破影子的假象，走出愚昧的洞穴，从而发现世间的真相。然而，这个故事还有另一种寓意，而且可能更贴近事实，即我们只能看到真相的影子。

人类探索真理的方法，一般分为归纳推理和演绎推理。前者属于经验论的范畴，比如，我们每天都看到太阳从东方升起西边落下，从而得出一个结论，太阳都是从东方升起西边落下的。这符合我们的直觉，而且千百万年来，太阳都是这么运动的。但归纳推理并不能保证明天和今天依旧如此，比如你见到了一千只天鹅都是白色的，由此推断出天鹅都是白色的，可能在很长一段时间内都找不出一个不符合结论的现象，西方人千百年来都是这么相信的，直到他们踏上澳大利亚的土地，才发现，原来这个世界上还有黑色的天鹅。这一个例子，就推翻了之前看似无坚不摧的结论。

归纳推理的局限在于，再多的个例也无法得出一个确定的结论，归纳推理并不能成为发现真理的绝佳手段。

再来看看演绎推理，相比于归纳推理，演绎推理立足于逻辑推理，只要推理的过程没有问题，我们假设的前提条件没有问题，那么得出来的就是无可动摇的结论，但这是真理吗？

只能说，这是近似的真理，因为演绎推理会导出很多悖论，最显而易见的就是"说谎悖论"。"我在说谎"，当我说出这句话的时候，请问，我这句话是真的还是假的？无论是哪一种，都会导致自相矛盾。

因此，我们要记住一点，绝对意义上的真相并不存在，存在的只是近似的真理。但是在日常生活中，我们拥有这些近似的真理就已经足以面对很多事情了。无论是归纳推理和演绎推理，都有其局限性，但很有用。

就算退一万步来说，真理存在，但凭借我们的认知能力，是否能发现那唯一且绝对的真理呢？不好说，因为我们每一个人都有着与生俱来的偏见，康德说："我们每个人都戴着一副有色眼镜。"

我们感知到的万事万物，实际上都是经过我们大脑加工过的信息。比如，我们看到颜色，颜色本质上只是不同波长的光波，当我们的眼睛感知到不同波长的光波时，大脑就将其解读成了各种各样的颜色，而波长相比于颜色，是更本质的存在。

历史也是如此，可以说，所有的历史都或多或少地有点儿偏见的色彩。熊逸老师在其《资治通鉴：熊逸版》中写道："'秦始皇于公元前 221 年统一六国'，这句话看上去好像只是在描述一个历史事实，但也是带着一定偏见的。为何要说是公元前 221 年呢？这不是西方纪元吗？"为了避免这种偏见，可以改写成"秦始皇二十六年"，但这样的话，问题又来了，为什么要采用秦国的纪元呢？为什么不能用齐国或者楚国的呢？再者，为什么要叫他秦始皇呢，简简单单的三个字，其背后所隐含的大前提是，我们认可秦朝为正统，这是真理吗？可那六国肯定不认可。

既然真理不存在，人也都是戴着有色眼镜的，那么是不是我们不如干脆"躺平"、放弃算了？

显然，我们无法"躺平"，也不能"躺平"，因为生活还得继续，了解了这些，并不是让我们放弃，而是在看待万事万物的时候，多一种"理解之同情"。

曾经遇到过一位朋友，他问我，人都是戴着有色眼镜的，且这副眼镜摘不掉，怎么办？我的回答是，看起来很无奈，但也没办法，万事万物经过我们的感知加工后传递到大脑，大脑再进一步解读，很难不会夹杂一些自己的"私货"。他问我，那还有必要去学习吗？

我跟他说，"有偏见意识不到偏见"和"有偏见意识到偏见"是两码事，前者让我一意孤行，后者让我不断审视自我。我举了一个很形象的比喻，前者就像是我爱上了一个姑娘，她在我心中是完美的，是女神，但我一点儿都不了解她，而后者更像是我意识到这位姑娘有一些不足和缺陷后，我依然爱她。

因果存在吗？ ⟳

因果律是我们认识世界的一套规则，我们相信有因必有果，凡事皆有因果。

比如，我走在大街上摔了一跤，为什么摔了一跤，因为路面很滑，抑或是有人在我的必经之路上扔了一块香蕉皮，我踩到了，因此滑倒了。

这就是两件事的因果关系，我们其实都是通过经验来得出这些因果律的。就拿上面的例子来说，别人扔香蕉皮是因，我摔倒是果，我们究竟有什么理由相信我必然会因为踩到了别人扔的香蕉皮而摔倒呢？

第一个对人们长期信赖的因果律提出怀疑的，是英国经验主义哲学家休谟。在他看来，我们观念的联系依赖于三种关系，即相似关系、临近关系和因果关系，其中，因果关系是我们事实信念的主要来源。他甚至认为，一些偶然发生的事件之间也伴随着一定的必然性。

我们相信"凡事有因必有果"，抑或是相信"万事万物都有原因"。可问题就来了，我们凭什么这么相信呢？

要得出这个结论，我们只有三种方法，第一种是经验论的归纳推理，第二种是唯理论的演绎推理，第三种是天赋观念。

归纳推理（或者叫归纳法）源自经验，但一个人的精力与时间都有限，不可能将万事万物都体验一遍，也不可能将所有可能性都尝试一遍，因此，这个方法行不通。

唯理论的演绎推理最看重因果关系，因为推理的基石就是因果律。但是请问，"万事万物都有原因"这个推论究竟是因还是果呢？它是怎么被推理出来的呢？

第三种是天赋观念论，由于休谟是经验论者，他认为凡事都超不出经验，所以，这个方法也行不通。

因此，休谟认为，因果律并不存在于客观世界，而仅仅存在于我们的思维之中，或者说，仅仅只是我们思维定式当中的一种。而且，因果律无法从逻辑上证明出来。休谟最喜欢台球游戏，我们以它为例。当我们在描述一个球运动的时候，我们可以找到一些看似准确无误的原因来解释这个球为什么会动，比如，是有人用杆子撞了它，抑或是它被其他运动的球撞到了。但休谟认为，我们实际上观察到的仅仅只是空间上的变化而已，正如休谟所说，我们从来没有一个印象可以从中导出必然联系的观念。

我们得承认，根本没有一种简单的方法能把归纳推理变成演绎推理。目前科学中那些在常人看来是确定无疑的定律和定理，比如，热力学第一定律和第二定律，只不过是带有一点儿瑕疵的必然。我们认为它们正确，不是因为它们本身正确，而是我们假设它们正确，尽管这种假设听起来好像不太复杂，但就目前来讲，在这些假设定理上建立起来的科学大厦，很稳固。

在休谟看来，两件事之间只有时间前后的关系，A 发生了，随后，B 也发生了，就算是再多的数据也无法证明 A 的发生必然会伴随着 B 的发生，我们只能说，在时间上，A 先发生，B 后发生。

刚接触休谟的哲学时，着实让我震惊。在我细细地品味之下，我发现他的思想给我的人生带来了很多启发，也帮助我减少了人世间的很多烦恼。

我们人类真是一个奇怪的物种，尤其是小孩子，总喜欢问"为什么"，似乎我们天然相信，万事万物的背后都有一套因果关系。

人生中的很多烦恼也来源于此，比如，失恋了，考试考砸了，抑或是工作上不顺心，我们总在追问"为什么会是这样""究竟是什么原因导致的"。如果我们时不时陷入这种追问之中，对我们的人生并没有多少正面意义。

因此，我们有必要放下心中对于什么都要刨根问底的执念。当我接触到休谟的思想后，一瞬间有种恍然大悟的感觉。

为什么我会来到这个世上？

为什么他不爱我了？

为什么他要跟我分手？

其实，人生没有那么多为什么。与其去想为什么，不如脚踏实地，把我们脚下的路走好。

安慰剂效应有用吗？ ⟳

很多人都知道安慰剂效应。

人们最早发现安慰剂效应，还是在二战的时候。

二战期间，在一次盟军抢夺意大利南部海滩的战役中，很多士兵受了伤，被送到了战地医院。伤员被送到医院后，麻醉师便开始给伤员们注射镇痛剂，然后给他们做手术。

由于受伤的士兵实在太多，镇痛剂已经不够用了。于是，医生和护士便用生理盐水来代替镇痛剂。结果，令他们意想不到的是，伤员们在被注射了生理盐水后，竟奇迹般地感觉身体不痛了，就仿佛是真的给他们注射了镇痛剂一样。

这个现象引起了人们的注意，战后，美国许多地方开展了对这个现象的研究，发现"安慰剂效应"是真实存在的，虽然无法衡量却又无法完全避免，效应短暂而又飘忽不定，但它的的确确会给人们带来安慰的效果。

如果一个人真的相信自己吃下去的药物有治疗的作用，那么无论这款药是真的药还是只是一包淀粉，病人或多或少都会感觉到有效果。

2014 年的一个综合研究比较了 53 项实验研究结果，以确认安慰剂效应是否在手术中也有作用。这项研究涉及的手术包括哮喘、肥胖症、帕金森病、胃酸反流、后背痛等不同类型的手术。结果是，对于其中一半的手术，假手术和真手术的疗效完全相同。而对占总数 74% 的手术，假手术表现出了一定的效果。

其他研究则显示，像治疗膝盖痛的关节镜膝盖手术、治疗椎间盘突出的椎体成形术（也叫椎间盘电热疗法），这些常见的矫形外科手术，效果都不比假手术更好。

所以现在有医学家说，手术的安慰剂效应不但不比吃药的安慰剂效应弱，反而更强。假手术做得越是郑重其事、手术开刀对身体的损伤越深，安慰剂效应就越强。

简单来讲，安慰剂效应在我们人类的生活中普遍存在，不局限于医药领域，它更是一种心理效应。

了解了这些，我们可以巧妙运用安慰剂效应来给自己的人生赋能，这有点类似于"自我预言效应"。而且有意思的是，就算我们知道了安慰剂效应，它还是会对我们产生影响。因此，积极的心态与乐观的心情对我们的生活大有帮助。

我曾经很讨厌所谓的"心灵鸡汤"，觉得它都是一些空泛的大道理。那时我认为，要让我们的生活变得更好，那些"心灵鸡汤"一点儿用处都没有，甚至还会让我们形成错误的认知。

近几年，我的想法有些许的转变。人生在世，我们无法永久避免伤害和痛苦，有的时候，"心灵鸡汤"就像是一把温柔的双手抚摸我们的内心，治愈我们。

如果我们相信"鸡汤"有力量，那么它就会给我们带来好处，让我们在面对接下来的人生时，不再那么迷茫与胆怯。

总的来说，相信本身就是一种力量。

人生的意义是什么？@

很多人都在追寻人生的意义，似乎只有找到了答案，人生才能取得成功。

人生的意义究竟是什么，其实答案因人而异。首先，它并不是一个客观判断，而是一个价值判断。其实站在一个唯物主义的角度来看，人本就是一堆化合物的集合，像地球、宇宙一样是一种遵循着物理规律运行的物体，本质上并没有什么目的和意义。

用存在主义的话来说，宇宙本身就是荒诞与虚无，它本身是没有任何意志的，也就无所谓意义。

而且，发生在这个宇宙里面的事件，可能只是一次偶然。

然而，若是如此的话，人生未免显得过于苍白与无力，就像一潭死水一样，丢失了生气。

我们的人生，在出生的时候就像一张白纸，抑或是一块洁白的画布，至于今后我们要在这块画布上画些什么内容，全凭我们自己。我认为，人生的意义是自己去赋予的，就像那块画布，我们可以画上太阳，也可以画上蓝天，画上什么，这张画布就显现出什么色彩。人生的意义不是虚无缥缈的哲学问题，而是我们的态度问题。我们为那些苍白的万事万物赋予色彩，正如我们给自己的人生赋予意义。

正如，春天是春天，但是我们眼里的春天是万物复苏、生机勃勃的，更多的是我们赋予春天的感情色彩。同样，秋天是秋天，是一个季节，但却被我们赋予了丰收的意义。

这个世界的本来面目，或许本身就是苍白的，是没有什么感情色彩的。当我们将这个世界人为赋予的意义抽离之后，世界呈现出来的便是一片死寂沉沉。

以前听到过一首歌，歌词是这样的："地球围着太阳绕，每颗心都有目标。"

这句歌词就体现了人赋予地球的意义，地球绕着太阳转，是万有引力或爱因斯坦的时空扭曲在起作用，地球没有目标，它本身是非人格化的，也可以说是漫无目的的，心也没有目标，它只不过是在生物学的范畴内做着机械运动。

这个世界的本来面目，是一切都在发生，没有为什么。

苏格拉底说："未经审视的人生不值得一过。"

也许，就是在一次又一次的审视中，人生才被我们赋予了更多的意义，至于那些意义究竟是什么，则是每个人的价值选择。不同人对人生意义的理解可以完全不一样，有些人认为，有一个幸福稳定的家，人生才有意义，而有些人认为，自己要在事业上有所成就，人生才有意义。这就像两张不同的画，一张是抽象派，一张是写实主义派，都有各自的道理与意义。

其实人生的意义究竟是什么，答案并不重要，重要的是，我们要去实践、去行动，为我们这张人生画布填充色彩。这个问题的奇妙之处就在于，不同的人生阶段可能会有不同的答案。因此，我认为，人生的意义不是指向未来的，而是从过去指向现在，人生是一个装载着我们的经历与见识的集装箱，是从现在延伸出去的一条延长线。

有人站在唯物主义的角度否定人生意义的存在，认为那些人为赋予的意义太过主观性，是多余的。

试问，这些意义真的是多余的吗？

我想，对于这个宇宙来讲，它可能纯粹就是多余的，但对于我们人来讲，却是必不可少的。

加缪说，这个世界是荒诞的，世界的本质是荒诞。也许是这样的吧，但是人生却可以超越这种荒诞。

我想，荒诞的人生之所以不再荒诞，或看上去不那么荒诞，正是因为我们为其赋予了"多余"的意义。

我们不要想太多 ◎

《列子》中有一个杞人忧天的故事，话说杞国有一个人，整天活得提心吊胆的，害怕天会塌下来。

在我们看来，这个杞国人明显有些庸人自扰，他的担心纯粹就是给自己找麻烦。

然而在现实生活中，我们经常会出现一些"杞人忧天"的情况，每当这个时候，我们的思绪就像风筝一样，在天上乱飞，始终收不回来。

这里，我介绍一个强有力的思维工具"奥卡姆剃刀原理"。

奥卡姆剃刀原理是由中世纪的神学家奥卡姆提出来的，简单来讲就八个字：如无必要，勿增实体。

它是一个哲学法则，意思是如果现在有好几个理论，都能对一件事情做出解释，都能提供同样准确的预言，那就应该选择假定最少的那个。

我曾经遇到过一对情侣，旁人都觉得这个男生不好，并不是因为他的外在条件不好，而是人品有些问题，但身为局中人的女孩子就是爱得死去活来的，拒绝接听任何来自外界的声音。

有一些心地善良的同事不愿看到女孩子继续沦陷下去，于是跟她说："这个男的根本不爱你，他上礼拜还和女同事一起吃饭。"

谁料，女孩子却解释道："正常社交与工作呀，可以理解。"

我同事又说："这个男的根本不爱你，这么久了，他都不让他父母知道你的存在。"

女孩子解释道："哎呀，我男朋友可能也不知道该怎么和他父母说，而且我现在长得有点儿胖，我想等我瘦点儿了再让他带我去见他父母。"

我同事继续说："这个男的根本不爱你，他上次欺骗了你，明明是这样，但他说是那样。"

女孩子继续解释道："他也是有苦衷的，而且他的性格本来就是这样，比较内向，不太好意思拒绝别人。"

相信大家也明白了，这个女孩子一直在增添更多的假设。或许有时候这些假设是必要的，但如果一段关系总是让你增加假设，那么很可能，对方本身就不是一个靠谱的人。

还有一次，早上刚到公司的时候，老板开了一个会。会上，他的脸色不太好，开完会后，他让我的一个同事下午三点去他办公室一趟，具体是什么事情，他没有说，因为他接下来还有事，便急匆匆离开了公司。

一整天，我那个同事都提心吊胆，一次又一次问我，是不是有什么不好的事要发生了，不然老板为什么要单独找他。他反思了这几天自己的表现，觉得很多地方都出了问题，不知道是不是因为这些问题，老板要找他谈话。

我告诉他："老板找你谈话，有很多种可能，不过如果没有确凿的证据，就不要多添加那么多假设条件了，因为假设条件越多，可能就会离实际情况越远。"

我那同事还是忍不住担心，一整天自己手头的事都没做好。后来，老板回来了，他提心吊胆地去了老板办公室。几分钟他就出来了，我看他脸色，就知道他之前的确是想多了。

原来，老板只是询问他一些工作进度，并没有对他进行批评。

我想，我的同事如果懂得运用"奥卡姆剃刀原理"，那一天可能会过得更轻松一些吧。

简单来讲，如无必要，勿增实体。这是一项很有力的思维利器，也是我们拓宽世界观的有力手段。运用好它，我们便能省去很多人生中无谓的烦恼。

请做一个终身学习者 ⟳

这本书马上即将结尾，最后，我想跟大家谈一些终身学习的事。

如今我们这个时代，日新月异，变化飞速，每天都会有新鲜的事物出现，让我们眼花缭乱，应接不暇。很多人在大学毕业之后便停止了学习，同时也停止了成长。

有些人脑海中对于"学习"的概念，还停留在学校层面，认为学习就是看教科书，死记硬背一些内容，而后参加几场考试，考完试之后便很快忘了。

学习一定要带着自己的问题去主动探索发现，学习的手段也不是唯一的，不能只通过教科书学到东西。整个社会就是一所大学，里面有很多的珍宝，等着我们去挖掘，等着我们去探索。我们可以与其他人建立有效的关系，时不时进行高质量的谈话，多虚心向经验比我们丰富的人请教，这些都是学习。

因此，要做一个终身学习者，首先要调整对学习的看法。

再者，终身学习到底有没有必要呢？

每个人从出生到死亡，都在不断地学习，只是大部分时候都是被动地学习。被动地学习，效率低且不说，最主要的是我们没有自主性。如果等到什么时候需要了，再去学习相关的内容，那么会让我们更加手足无措，且未必能达到预期的效果。

因此，主动地学习便变得尤为重要。

学习本身就是一件充满了乐趣的事，小朋友们总是围绕在一起做游戏，比如，丢沙包、老鹰抓小鸡，其本质上也是一种学习。

至于我们为什么觉得学习充满了痛苦，可能主要还是因为应试教育带来的印象。

人不会满足于现在的自己，这是每个人来自基因深处的声音。试想，如果十年后的自己还是和现在一样，并没有多少变化，我们甘心这样吗？

相信正在看这本书的你，肯定是不甘心的，因此，我们需要推陈出新，通过终身学习，不断成为新的自己，从不停止。做自己，我们当然更应该做更好的自己。

另外，终身学习也有助于身心健康，我们不会随着年龄的增长，变得越来越固执。当我们面对年轻人的时候，也不再是抱着敌视或瞧不起的态度，而是会去主动加入他们，与他们沟通，接受他们这一代人的新鲜事物，这对我们以后与自己的孩子相处，也有所帮助。

最重要的是，我们会因此而变得谦卑，我们会培养出高自尊的人格，能够更理性客观地看待事物，也会让我们的内心更加充实与平静。

而且我发现，终身学习可以让我们免于落入中年"油腻"的陷阱，我们对生活会更积极，会觉得生活充满了乐趣，同时对他人也会多一点儿关怀。

想一想，未来的某一天，当我们年迈的时候，回想自己的这一生，是愿意看到一个绚丽多彩的青春与中年岁月呢，还是愿意看到一种按部就班，每天都是复制粘贴的生活？

答案就在我们每个人的心中。

人生在世，我们会背负很多责任，其中最重要的责任是让我们不虚度此生，让我们能够成为更好的自己，成为"something better than myself"。

其实，与自己和解，不仅仅是要达成内心的平静，更是让我们能够从容不迫地应对这变化万千的世界。虽然，变化是世界的常态，但只要我们耐下心来，就总能在这些看似千变万化的表面背后找到那一条不变的脉络。

纵使世界"其疾如风"，快节奏的生活已然"侵略如火"，我们的内心依然可以保持"其徐如林"，以"不动如山"的姿态，俯视天下万物。

会当凌绝顶，一览众山小。

当我们有了这样的境界之后，要做到"与自己和解"，又何尝不是一件容易的事呢？

后 记

恭喜你，顺利读完了此书。

就像是经历了一段旅程，从内心的情绪出发，一直来到了更为广阔的世界。

也许，你的心情就像坐过山车一样，此起彼伏；也许，你在某一章节的某一点会有一种恍然大悟的感觉。

无论如何，能够走完这段旅程，你已经很了不起了。

你可以将这本书一直带在身边，或是放在床边的一角，闲来无事的时候随意翻一翻。不必从头到尾地读，只需在有空的时候看上一两个小节，也许还会有不一样的收获。

孔子曰："温故而知新，可以为师矣。"

读书最大的乐趣，就在于在不同的时间段，读同一篇文章，会有两种不同的体验。这种感觉我已经经历过很多次了，真是棒极了。

希望这本书也能带给你同样的体验。

当然，读完一本书，并不意味着结束。

我们还需要在人生中不断地去实践，不断地去检验。或许，你会发现书中所写的与你的感悟并不一样，这些都是正常的。我也希望，你能超越此书的局限，并有自己的独特体验。这才是我们人生中最宝贵的财富。

衷心祝愿大家能越来越智慧。